조류학자라고 새를 다
좋아하는 건 아닙니다만

CHORUIGAKUSHA DAKARATTE,
TORIGA SUKIDATO OMOUNAYO
by Kazuto KAWAKAMI

© Kazuto KAWAKAMI 2017, Printed in Japan
Korean translation copyright © 2018 by Bakha publishers

First published in Japan by SHINCHOSHA PUBLISHING CO.
Korean translation rights arranged with SHINCHOSHA PUBLISHING CO.
through Imprima Korea Agency.

이 책의 한국어판 저작권은 Imprima Korea Agency를 통한
SHINCHOSHA Publishing CO.와의 독점계약으로 박하에 있습니다.
저작권법에 의해 한국 내에서 보호를 받는 저작물이므로 무단전재와 무단복제를 금합니다.

조류학자라고 새를 다 좋아하는 건 아닙니다만

투덜이 조류학자의 발칙한 탐험기

가와카미 가즈토 지음
김해용 옮김

박하

일러두기

본문 중〔 〕안 설명과 주석은 모두 옮긴이 주이다.

들어가는 말, 혹은 조류학자를 친구로 둘 수 있을까

　주먹밥을 먹다 보면 자주 경악하게 된다. 걸핏하면 매실장아찌가 들어 있는 것이다. 매실은 살구와 복숭아의 친구, 틀림없는 과일이다. 과일을 소금에 절여 밥 위에 얹어 먹다니, 비상식에도 정도가 있는 법. 내가 총리가 되면 과일불가침법을 가결하여 매실장아찌를 금지, 과일의 기본적 권리를 지키겠다고 약속한다. 이왕 하는 김에 탕수육에서 파인애플도 제거하자.

　이런 식으로 주먹밥과 대화를 나누며 24시간 동안 배를 타고 오가사와라 제도諸島로 향한다. 이것이 나의 일이다.

　물론 나는 주먹밥 가게의 후계자는 아니다. 조류학자다.

당신에게는 혹시 조류학자 친구가 있을까? 많은 분들의 경우, 대답은 '아니요'일 것이다. 그 이유의 절반쯤은, 조류학자는 부끄러움이 많고 친구를 만드는 데 서툴기 때문이다. 나머지 절반은 수가 많지 않기 때문이다.

일본조류학회의 회원 수는 약 1,200명. 〈일본 탤런트 명부〉에 실린 탤런트 또는 모델의 수가 1만 1,000명. 조류학회 회원이 전부 조류학자라 해도 탤런트보다 희소한 것이다. 일본의 인구를 1억 2,000만 명이라고 하면 10만 명 가운데 1명. 즉 10만 명의 친구를 만들지 않으면 조류학자와 친해질 수 없다는 뜻이다.

생물학 중에서도 조류학은 비교적 인간과 동물에게 무해한 분야다. 곤충은 해충으로 농림업에 큰 경제적 피해를 초래한다. 포유동물은 사슴의 농림업 피해, 곰의 인명 피해, 쥐의 위생 피해 등 일일이 열거하기도 힘들다. 거꾸로 어류는 식량 자원으로서의 가치가 탁월하다.

한편 같은 동물이라고는 해도 조류의 경우에는 까마귀의 쓰레기통 뒤지기나 민물가마우지의 어업 피해가 있지만, 그 규모가 미세하다는 점은 부인할 수 없는 사실이다.

옳든 그르든 실리實利와 관련된 대상은 사회적 수요가 큰 응용적 성과를 기대할 수 있다.

수요가 적으면 일자리도 적다. 조류학회 회원 중에서 직업적인 연구자는 10~20퍼센트 정도쯤 될 것이다. 이렇게 조류학자의 희소성이 심화되고 있다.

하지만 실리와 흥미는 별개 문제다. 조류가 많은 사람의 마음을 사로잡는 데 그치지 않는다는 것은 틀림없다. 어린이를 위한 도감 시리즈에는 반드시 '조류'가 있다. 설령 〈요괴워치〉나 〈도라에몽〉이 큰 인기를 끌고 있더라도 '요괴'나 '고양이 로봇' 카테고리는 없다. 조류의 승리다.

자연 다큐멘터리 프로그램에서는 빛깔이 아름다운 조류가 인기를 모으고, 신문 사회면에서는 고니의 방문을 기사화한다. 게다가 고니는 흑백이어도 상관없는데 굳이 컬러 사진을 게재한다.

돈이 되는 일이 아니어도 많은 사람이 조류를 미워하지는 않는 것이다. 아마 독자 여러분 중에도 새를 소름 끼치게 싫어하는 사람은 그리 많지 않을 것이다. 그런 점에서는 송충이나 민달팽이, 벌거숭이두더지쥐 등보다 신분이 상당히 높다고 조류를 대신하여 자부한다.

조류의 특징은 날개다. 날개는 자유의 상징이며, 동경과 외경의 대상이 되어왔다. 대천사 미카엘의 등에 돋아 있는 것이 불길하기 짝이 없는 박쥐의 날개가 아닌 것도 당연하다. 가릉빈가[1]에게도, 페가수스[2]에게도, 괴조 시렌[3]에게도 새의 날개가 장착되어 있다. 이것이 만약 풍뎅이의 날개이거나 날치의 지느러미였다면 폼

◆◆◆◆

1 극락에 산다는, 사람 머리에 목소리가 고운 상상의 새
2 그리스 신화에 나오는 날개 있는 천마天馬
3 일본의 나가이 고 원작의 만화 및 애니메이션 〈데빌맨〉에 등장하는 가공의 악마

이 나지 않았을 것이다.

설령 경제학자를 깜짝 놀라게 하지는 못했더라도 인류 문화에 영향을 주고 늘 동경의 대상이 되어온 것이 조류이다. 일본에는 화조도花鳥圖라고 불리는, 자연을 대상으로 한 회화가 옛날부터 많았다. 우타가와 히로시게歌川広重, 가쓰시카 호쿠사이葛飾北斎, 이토 자쿠추伊藤若冲 등 에도 시대 말기 민화가가 그린 수많은 명화가 지금도 남아 있다.

포유류나 곤충도 화조도의 모티프가 된다. 하지만 화수도花獸圖도, 화충도花蟲圖도 아니다. 일본인이 사랑한 자연의 대표는 새인 것이다. 그리고 신사숙녀 여러분에게도 같은 피가 흐르고 있다. 틀림없이 당신도 새를 미워하지 않을 것이다.

대상이 이성이든 조류든, 동경의 마음은 지식욕을 불러일으킨다. 이성을 지나치게 연구하는 자는 스토커라는 오명 아래 체포되지만, 새에 대한 흥미는 학문에 이른다. 아리스토텔레스는 저서에서 조류의 생태를 고찰했고, 이자나기와 이자나미4는 할미새에게서 나라 만드는 법을 배웠다. 참으로 유서 깊은 동물인 것이다.

그럼에도 조류학의 성과는 세상에 그다지 알려져 있지 않다. 이래서는 인류가 새겨온 문화에 대해 체면이 안 선다. 아마도 일반인

◆◆◆◆

4 일본 신화에서 일본 열도를 만든 부부 신의 이름. 이자나기가 남신, 이자나미가 여신

에게 이름이 알려진 조류학자는 제임스 본드 정도일 것이다. 영국 비밀정보부에서 근무하는 동명의 인물이 있지만, 그의 이름은 실제 존재하는 조류학자의 이름에서 따온 것이다. 비밀리에 활동하는 스파이에게 지명도에서 뒤진다는 것은 참으로 안타까운 사태일 테지만 스파이의 이름이 유명하다는 것도 영국 비밀정보부로서는 꺼림칙한 사태일 테지만.

실리가 적은 학문의 존재 이유는 인류의 지적 호기심이다. 구석기인의 토우土偶 제작도, 화성인의 파괴 공작도 다우지수에는 아무런 영향을 주지 않는다. 그래도 사람들은 토우나 화성인의 동향을 몹시 알고 싶어 한다.

하지만 호기심이 있어도 계기가 없으면 흥미의 문을 열기는커녕 그 문의 존재조차 모르는 법. 조류학자를 친구로 두지 않은 것은 독자 여러분에게는 정말 큰 손실이다. 그래서 본드를 대신하여 조류학자 대표로 그 손실을 내 멋대로 보충하기로 결심했다.

이런 의미에서 오늘부터 내가 당신의 친구이다. 알지도 못하는 중년 신사의 이야기를 들어야 할 이유는 없겠지만, 친구의 말에 귀를 기울이는 것은 신사숙녀로서의 예의다.

잠깐 동안 새 이야기에 귀를 기울여주시고, 함께 조류학의 세계를 즐겨주신다면 행복하겠다.

차례

6장 조류학자에게도 말하고 싶지 않은 밤이 있다

1장

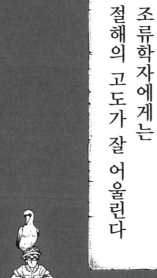

조류학자에게는
절해의 고도가 잘 어울린다

#1

굳이 날아야 할
이유를 못 찾다

메구로
(도쿄 고유종)

할 수 있으면 해봐

고타쓰[1]에 쏙 들어가는 것도, 산책 도중 기둥에 부딪히는 것도 그리 어려운 일은 아니다. 밥을 먹고 눕는 것도 식은 죽 먹기다. 아니, 밥을 먹었으니 죽을 먹는 건 아니지만 어쨌거나 잘할 수 있는 일이다. 즉 포유류 흉내는 어떻게든 낼 수 있는 것이다. 물론 박쥐

◆ · ◆◆

1 숯불이나 전기 등의 열원熱源 위에 틀을 놓고 그 위에 이불을 덮어 쓰는 난방 기구

나 고래는 이단이므로 지금부터 할 이야기에서는 무시하겠다. 그런 한편으로 새의 흉내는 쉽지가 않다. 인간은 날 수 없기 때문에 조류의 행동은 실제 체험의 범주를 넘어선 미지의 영역에 있다. 비상飛翔이라는 특이한 행동이야말로 새의 최대 특징이자 매력이다.

할머니에게 혀를 잘린 허약한 참새[2]조차 때로는 500킬로미터 이상을 이동한다. 이것도 비상 능력 때문이다. 신칸센으로 치면 두 시간 반짜리 당일치기 거리라고 우습게 보면 안 된다. 무엇보다 참새의 몸무게는 고작 20그램이다. 약 3,000배의 몸무게를 가진 나로 환산하면 150만 킬로미터의 대이동이다. 달까지 두 번 왕복, 도시락 값만으로도 파산할 수 있는 거리다. 바닷새인 극제비갈매기로 말하자면 매년 북극권에서 번식하여 남극권에서 월동하는 그 무모한 짓을 해치워버린다. 우여곡절의 경로는 왕복 8만 킬로미터에 이른다. 이쪽은 몸무게가 약 100그램이므로 나로 환산하면 연간 4,800만 킬로미터. 지구에 가장 접근했을 때의 화성이라면 1년 2개월 만에 도달할 수 있는 거리다.

새는 너무나 쉽게 비행하기 때문에 그 유능함을 실감하지 못한다. 하지만 그들도 인류와 마찬가지로 중력의 지배를 받는다. 그 중력을 거스르는 비행은 틀림없이 부담이 큰 행동이다. 실제로 이카로스[3]부터 라퓨타[4]까지, 인류는 중력에 대해 수많은 패배를 맛

◆ ◆ ◆ ◆

2 심술쟁이 할머니에게 혀를 잘린 참새가 착한 할아버지에게 보은한다는 내용의 일본 옛날이야기

보아왔다. 그에 비해 조류는 연전연승, 감동의 극치다. 다만 이것은 하루아침에 거둔 성과가 아니다. 약 1억 5,000만 년에 걸쳐 비상에 적합한 형태와 행동을 진화시켜온 것이다. 비상 효율이 좋지 않은 개체는 먹이를 얻지 못하거나 포식자의 사냥감이 되고, 또 이성으로부터 외면당한다. 보다 우월한 형질을 가진 개체만이 살아남아 비상 행동을 더욱 세련되게 발전시켜온 것이다.

그래서 나의 주요 조사 지역은 도쿄 도에서도 멀리 떨어진 오가사와라 제도이다. 일본 열도 중심인 혼슈까지 약 1,000킬로미터의 바다가 가로막고 있는 틀림없는 절해의 고도이다. 오가사와라에는 박쥐를 제외한 포유류는 자연분포하지 않는다. 그것은 이 섬이 해양도이기 때문이다. 해양도란 바다 밑바닥을 이루는 해양 플레이트 위에 불쑥 생겨난 외로운 섬을 말한다. 바다 안에서 생겨난 섬이라 바다를 건널 수 없는 동물은 올 수 없는 환상의 땅이다. 하와이나 갈라파고스도 해양도이다. 이와 반대로 대륙붕 위에 있어서 대륙과 연결되기 쉬운 섬은 대륙도라고 부른다. 혼슈와 오키나와 등은 대륙도이다.

지상성地上性의 포유류는 헤엄을 잘 치지 못하기 때문에 일부 예외를 제외하고는 해양도에 분포할 수 없다. 여름이라고 해서 해수욕장에 가는 것은 인간 정도이다. 야생 포유류는 평소 발가벗고 다

◆◆◆◆

3 그리스 신화에 나오는 발명가 다이달로스의 아들. 아버지와 함께 깃털과 밀랍으로 만든 날개를 달고 미궁을 탈출했으나, 너무 높이 밀랍이 태양열에 날개가 녹아 바다에 떨어져 죽음
4 미야자키 하야오 감독의 애니메이션 〈천공의 섬 라퓨타〉에 나오는 하늘에 떠 있는 섬

니기 때문에 일부러 수영복 입은 여자를 보러 갈 필요가 없는 것이다. 오키나와에는 긴털쥐나 가시쥐 같은 포유류가 자연분포하지만 이들은 바다를 건너온 것이 아니라 과거 대륙과 연결되어 있던 시기에 육지를 통해 온 것으로 추정된다.

포유류와는 인연이 없는 해양도에서도 조류는 여유 있게 분포를 넓힌다. 하와이, 갈라파고스, 오가사와라, 이런 바다 한복판에 있는 고도라 해도 반드시 조류가 생식하고 있다. 비상이라는 특수 능력을 사용하면 바다는 건널 수 없는 벽이 아닌 것이다.

빈자리 있으면 편히 쉬어

다시 돌아와, 이번 주인공은 오가사와라의 메구로〔참새 목 동박새 과 메구로 속〕이다. 물론 가와사키[5]에 흡수 병합된 메구로제작소의 왕년의 명차名車가 아닌, 동박새과의 작은 새를 말한다. 오가사와라에는 고유의 새가 4종 기록되어 있다. 오가사와라흑비둘기, 오가사와라화미조, 오가사와라되새 그리고 메구로이다. 이 가운데 앞의 3종은 이미 멸종되었고, 메구로만이 살아남았다. 오가사와라 제도는 도쿄 도에 속해 있어서 메구로는 도쿄의 고유종이기도 하다. 일본인이라면 수도에 고유의 새가 있다는 것을 알아두어도 손

◆◆◆◆

5 일본의 중공업 회사로, 항공기와 이륜차 등을 제조함

해는 없을 것이다.

메구로는 동박새보다 한층 크고 몸이 노란 새다. 귀여운 빨간 눈의 토끼가 아닌 한, 눈이 검은 것은 당연. 왠지 개성 없는 이름인 것 같지만[6] 그 이름의 유래는 안구에 있지 않다. 메구로는 눈 주위에 검은 문양이 있다. 손바닥만 한 크기로, 날개와 부리가 있는 노란 판다를 연상해보면 거의 일치한다.

비상이 조류의 특징이라고는 하지만 장거리를 날 수 없는 새도 있다. 이를테면 꿩이나 딱따구리의 동료는 장거리 이동을 좋아하지 않는다. 이 때문에 그들은 대륙과 그 주변 섬에만 분포하고, 절해의 고도에는 없는 것이다. 이와 같은 종이 있기 때문에 섬의 새 종수는 한정되어 있다. 도쿄의 다카오 산에는 약 50종의 육지 새가 번식하고 있는 데 비해, 오가사와라 제도에는 예부터 있어온 육지 새가 15종밖에 없는 것이다. 그런 장소까지 도달하는 동박새과의 새는 늘 해양도에 분포를 넓히는 장거리 선수이다.

오가사와라에는 여우도, 꿩도, 딱따구리도 없다. 메구로는 지상에 포식자가 없기 때문에 자주 땅 위를 걸어 다닌다. 경쟁 상대가 없으므로 나무줄기에 수직으로 붙어 벌레를 먹는다. 땅 위든 나무 위든 다양한 장소를 이용하여, 곤충이나 과일, 꿀이며 도마뱀붙이도 먹는다.

◆ ◆ ◆ ◆

6 '메구로'의 한자 표기는 目黑, '검은 눈'이라는 뜻

공간이나 먹이는 생물에게 있어서 중요한 자원이다. 섬에서는 자원 이용의 폭을 확대해나갈 수 있다. 다양한 자원을 폭넓게 이용하는 메구로의 행동은 포식자나 경쟁 상대가 적은 섬이라는, 특수한 환경에서의 진화 증거인 것이다.

다시 혼슈의 새로 돌아가면, 그들은 공간을 분할하여 이용한다. 나무 위에는 박새, 줄기에는 딱따구리, 지상에는 개똥지빠귀, 덤불에는 휘파람새, 이런 식이다. 만원 전철에서는 각자가 이용할 수 있는 공간이 한정되어 있다. 경계를 침범해봤자 별다른 이득도 없고, 싫은 내색에 어색해지기만 할 뿐이다. 하지만 텅 빈 전철에서는 신발까지 벗고 자리에 누워도 아무도 나무라지 않는다. 이것이 혼슈와 오가사와라 생태계의 차이인 것이다.

필요 없으면 그만둬

메구로는 현재 오가사와라 제도의 하하지마母島 열도에만 생식하고 있다. 하하지마 열도는 하하지마를 중심으로 아네지마姉島, 이모토지마妹島, 메이지마姪島, 무코지마向島, 히라지마平島 등이 주위에 배치되어 있다. 여자 쪽 가족관계를 뜻하는 이름의 섬들과 맞은편에 있다고 해서 무코지마, 평지가 많다고 해서 이름 붙인 히라지마인데, 섬 사이 거리는 저마다 고작 6킬로미터 정도이다. 다만 메구로가 있는 곳은 하하지마와 무코지마, 이모토지마, 이 세 개 섬뿐이다. 어느 섬이나 새가 살 수 있는 환경인데, 새가 있는 섬과 없는 섬이 있는 것이다. 이 세상에 인기 있는 남자와 인기 없는 남자가 있는 것처럼 신기하다. 그래서 이 분포의 수수께끼를 조사해보기로 했다.

나는 채혈당하는 것은 싫어하지만 새의 채혈은 싫어하지 않는다. 타자의 아픔은 얼마든지 참을 수 있으므로 메구로의 혈액을 채취하고 DNA를 분석하기로 했다. 작은 새의 혈관은 가늘어서 피부 밖에서 주삿바늘로 정맥에 살짝 상처를 낸 다음 새어 나온 혈액을 가는 유리관에 넣는다. 겁먹은 메구로 132개체에서 혈액을 모은 후 악역배우가 된 기분이 되어 분석에 임한다. 아니, 실제로 분석한 이는 유능하고 마음 넓은 공동연구자였지만, 그의 공적은 내 공적이다. 공동연구란 힘든 작업을 다른 사람에게 떠맡기는 것이다.

연구의 치부를 드러내는 일은 이쯤에서 끝내자. DNA 분석 결과, 메구로는 각 섬마다 독자獨自의 유전적 패턴을 가지고 있다는 사실을 알았다. 만약 개체가 섬과 섬을 이동했다면 각 섬의 독자성은 없고, 어느 섬이나 비슷했을 것이다. 즉 메구로는 고작 5킬로미터밖에 안 되는 바다도 건너지 않은 것이다. 5킬로미터는, 상어를 속여 줄 세운다면 토끼도 건널 수 있는 거리다.[7] 그뿐 아니라 육지에서도 약 3킬로미터 떨어져 있을 뿐인데 개체의 교류가 몹시 제한된 곳이 있었다. 메구로는 육지에서조차 이동을 싫어했던 것이다.

◆ ◆ ◆ ◆

7 상어를 줄지어 세운 후 바다를 건넜다는 일본 이즈모 지방의 설화를 빗댄 말

한편 그들이 바다를 사이에 둔 세 개 섬에 분포한 것도 사실이다. 그 이유는 빙하기와 관계가 있을 것 같다. 약 1만 8,000년 전 뷔름 빙기Wurm氷期[제4기 빙하 시대에 있었던 4회의 빙기 중에서 4번째 빙기를 말함. 세계적으로 한랭 기후였으며 인류문화상으로 따져봤을 때 구석기 시대 후기에 해당]에 가장 추운 시기를 맞이했다. 지구의 얼음 총량이 많으면 해수는 줄어들고 수면은 내려간다. 당시는 지금보다 100미터 이상 수면이 낮았고, 하하지마 열도의 섬들은 서로 연결되어 있었을 것으로 여겨진다. 그 후의 기온 상승으로 해수면이 올라가 여러 작은 섬으로 나뉜 것이다. 이 시점에는 모든 섬에 메구로가 있었을 것이다.

하지만 작은 섬에서는 중복된 우연과 일시적인 기상의 영향 등으로도 멸종이 발생한다. 한번 멸종이 발생한 섬에서는 새로운 개체가 생겨나지 않아 결과적으로 불연속적인 분포가 되었을 것이다. 바다를 사이에 둔 섬은 환경의 좋고 나쁨 이전에 다른 메구로와의 근본적인 접점을 잃은 것이다. 인기 없는 남자도 아무 의욕이 없어서 생긴 결과이다. 일단 만남의 장소를 찾는 게 선결 과제다.

이러한 메구로와 가장 가까운 새는 사이판에 있는 골든화이트아이다. 즉 그 선조는 약 1,300킬로미터 바다를 건너 남쪽에서 날아온 것이다. 그럼에도 지금은 완전한 히키코모리다. 장거리 이동 끝에 도착한 생물이 이동 능력을 낮춘 것도 섬에 사는 생물의 특징 중 하나이다. 거꾸로 이동을 중단했기 때문에 더욱 고유종이 된 것이라고도 할 수 있다.

주위에 육지가 없는 고도의 경우 어중간한 이동의 결과는 수몰이다. 열대나 아열대의 습한 기후에서는 다른 곳으로 이동하지 않아도 지리적 이점이 있는 고향 생활에 불만은 없다. 바다 저편의 낯선 토지에 생활하기 적합한 환경이 반드시 있다고도 할 수 없으므로, 이동은 목숨을 건 도박이 된다. 애당초 비상은 중력에 저항하는 고비용의 행동이다. 적극적으로 날 필요가 없으니 날지 못하는 성질이 진화한 것이다.

새는 자유롭게 하늘을 날 수 있다. 하지만 이 능력의 행사는 어디까지나 그들의 선택에 맡긴다. 섬에 가면 그 섬에 있어서의 비상의 의미를 다시금 생각하게 된다. 도쿄 관광을 한다면 내친 김에 메구로를 보러 오가사와라까지 가보시길 바란다. 거기에서 진화의 역사를 고스란히 볼 수 있을 것이다.

슬슬 교체해봐

다시 말하지만 메구로는 일본 수도 도쿄의 고유종이다. 그리고 무엇을 숨기랴, 도쿄 고유의 새는 메구로가 유일하다. 즉 메구로는 도쿄를 대표하는 새인 것이다.

하지만 한 가지 문제가 있다. 어인 일인지 도쿄 도를 대표하는 '도민의 새'는 메구로가 아닌 것이다. 1965년 투표를 통해 동박새나 종다리 같은 10종의 후보를 제치고 붉은부리갈매기가 1위로 선정되었다. 이 결과는 도쿄 도 심의회를 거쳐 정식으로 인정되었다. 붉은부리갈매기는 《이세 이야기伊勢物語》[8] 같은 고전문학에 '미야코도리都鳥'라는 이름으로 등장하기 때문에 적합한 새라고 생각한 모양이다.

다만 총 투표수는 3,242표, 붉은부리갈매기의 득표는 고작 579표였다. 1,000만 도시인 도쿄에서 고작 0.01퍼센트 이하 도민의 지지가 대표 선정의 근거인 것이다. 게다가 붉은부리갈매기는 대륙의 북부에서 번식하고 도쿄에서는 월동만 하는 손님에 불과하다. 번식지가 춥다고 겨울방학 때만 놀러오는 유약한 타관 사람에게 도쿄 대표를 맡기는 게 과연 타당할까? 인류 대표로 크립톤 행성에서 온 슈퍼맨 클라크 켄트를 선택한 꼴이다.

메구로가 선택되지 못한 배경에는 역사적인 사정도 있다. 오가사와라 제도는 제2차 세계대전 후 오키나와와 함께 미국 통치하에 놓여 있었다. 일본에 반환된 것은 1968년, 투표 3년 후이다. 도민의 새는 주인공이 없을 때 행해진 결과라고도 할 수 있다.

이제 투표를 한 지 50년 이상이 지났다. 도지사도 임기가 4년이다. 슬슬 퇴위식을 가질 시기다. 도민을 대표하여 도지사에게 한마디 해두겠다. 도리가 아니다. 즉시 메구로를 도민의 새로 지정하는 게 도리이리라.

나? 이바라키 현 사람인데, 그게 왜?

◆◆◆◆

8 일본 헤이안 시대 초기, 즉 9세기 초의 귀족이자 시인 아리와라노 나리히라를 연상케 하는 남자의 일대기를 그린 작자 미상의 시가집

#2

불을 내뿜어
땅을 만들다

갈색얼가니 새
in 니시노시마

1Q73

1973년 오일 쇼크 때 배우 겸 가수 야마구치 모모에 씨 데뷔, 이해는 잊을 수 없는 일들이 많았다. 그리고 이해는 내가 태어난 해이기도 하다. 갓 태어난 내가 당시의 일을 알고 있을 리 없다. 알 리가 없으니 잊은 것도 아니다.

1973년은 제2차 베이비붐의 절정기로, 209만 명의 아기가 태어났다. 같은 해 그 합계 체중을 훨씬 능가하는 것이 생겨났다. 니시노시마의 새섬新鳥이다. 니시노시마는 최근에도 분화하여 화제가 되었지만 이해에도 분화했던 것이다.

섬은 해저 화산의 분화나 산호초의 융기, 혹은 아메노누보코에 의한 교반⁹ 등 다양한 과정으로 생겨난다. 하지만 그 양상을 눈으로 볼 기회는 거의 없다. 그 기회가 눈앞에 펼쳐진 것은 천운이었다.

니시노시마는 혼슈에서 약 1,000킬로미터 남쪽에 있는 오가사와라 제도의 무인도이다. 1702년에 스페인 선박 로사리오호에 의해 발견되어 로사리오 섬이라는 이름이 붙었다. 로사리오는 가톨릭교도가 기도할 때 쓰는 묵주를 말한다. 망막한 바다 한복판에서 생명이 깃든 섬을 보고 기도를 하고 싶었던 것인지도 모른다.

1801년 영국 군함 노틸러스호는 이 섬을 디스어포인트먼트 disappointment 섬이라고 명명했다. '실망의 섬'이라는 뜻이다. 삼림도, 담수도 없는 섬은 희망보다 실망을 주었을 것이다. 19세기 서양의 배들은 인비저블 섬invisible, 즉 '보이지 않는 섬'이라고 불렸던 것 같다. 표고 25미터의 평탄한 섬은 발견하기조차 힘들었던 것이다. 모두가 상상력을 자극하는 의미심장한 이름들뿐이다.

그런데도 일본 이름은 '니시노시마西之島.'¹⁰

중학교 작문 시간이었다면 미녀 선생님으로부터 작문 센스와

◆◆◆◆

9 일본 신화를 기록한 《고지키古事記》에 따르면 일본 국토를 만든 두 남녀 신 이자나기와 이자나미가 대지를 성스러운 창, 즉 아메노누보코天沼矛로 휘저어 오노고로지마라는 섬을 만들었다고 함. 이 내용을 빗대어 저자가 유머러스하게 표현한 것
10 서쪽의 섬이라는 의미

관련하여 심각한 설교를 들었을지도 모를 만큼 수준이 낮다. 미인의 설교가 싫은 것은 아니지만 조금 더 공부를 했어야 한다. 기도, 실망, 소실 다음에 서쪽 섬이라니. 차라리 열반섬이나 윤회섬을 추천했으면 어땠을까.

개성 없는 이름 때문에 니시노시마는 오랜 세월 주목받지 못했다. 하지만 1973년 6월, 이 섬이 대대적으로 보도되었다. 섬으로부터 약 500미터 지점에서 해저 화산이 분화하여 새로운 섬이 탄생한 것이다. 이 섬은 같은 해 12월 니시노시마 '새섬新島'이라는 어이없을 만큼 뻔한 이름이 붙었다.

하지만 이름을 너무 일찍 붙여주었던 것인지도 모른다. 새로운 섬은 이듬해 6월에 소멸해버렸던 것이다. 다만 무너져 바닷속에 묻힌 것은 아니다. 섬이 너무 성장하여 니시노시마와 합체한 것이다. 하나의 섬에 두 이름은 필요 없다. 새섬이라는 이름은 어쩔 수 없이 밀려나 니시노시마로 흡수되어버렸다.

니시노시마는 옛섬과 분화로 생긴 새섬, 그 사이를 잇는 자갈 섞인 모래사장으로 구성된다. 이미 독립된 섬은 아니지만 1973년 분화 때의 용암으로 생겨난 부분을 편의상 새섬이라고 부른다.

이제부터 생물학자가 나설 차례다.

분화하기 전, 섬에는 식물이 3종밖에 확인되지 않았다. 상당히 단순한 생태계였다. 거기에 새로운 육지가 추가된 것이다. 이 섬은 태어난 지 얼마 안 된 섬의 모델이다. 이곳의 변화를 조사하면 섬의 생물이 어떻게 성립되는지 이해할 수 있다. 이는 수많은 생물학

자들이 주목하는 보편적인 주제 가운데 하나이며 좀처럼 보기 힘
든 기회인 것이다.

내가 처음 니시노시마에 간 것은 1995년이었다. 사람이 사는
섬에서 어선을 타고 흔들린 지 여덟 시간, 다시 어선에서 내려 5분
동안 헤엄쳐야 하는 온통 울퉁불퉁 바위투성이인 섬이었다. 식생植
生도 빈약하여, 가본 적은 없지만 마치 화성 같은 곳이었다. 아열대
의 햇살에 노출된 섬은 그야말로 뜨겁게 달구어진 중국식 프라이팬
속에서 춤추는 고추잡채를 방불케 했다. 변변한 그늘도 없어서 자
칫하면 하늘나라로 직행할 것 같았다. 그야말로 실망의 섬이었다.

그럼에도 불구하고 이 섬은 파라다이스였다. 무수히 많은 바닷
새가 하늘을 날며 환영해주었다. 사실은 환영이 아니라 경계하여
날고 있는 것뿐이었지만. 아무튼 일본 내에서 몇 안 되는 바닷새의
번식지였던 것이다. 바닷새는 바다에서 먹이를 얻기 때문에 지상
에는 둥지를 틀 공간만 있으면 된다. 가혹한 환경에는 포식자도 없
다. 몇천 마리가 모여들어, 지금까지 11종의 바닷새 번식 기록이
있는 바닷새의 낙원인 것이다.

섬 곳곳에 있는 바닷새 둥지를 살펴보는데 신기한 집짓기 재료
가 눈에 띄었다. 보통은 식물의 줄기나 가지로 집을 짓는데 그것은
새하얀 작대기였다. 자세히 보니 어떤 새의 뼈였다. 식생이 빈약하
여 둥지 재료가 부족한 섬에서만 볼 수 있는 광경이다. 죽음이 삶
을 키우는, 역시 윤회섬이라고 이름을 고쳐야 한다.

새섬 부분에는 아직 식물도, 새도 없었다. 하지만 옛섬 기슭에서

는 식물이 넓게 분포하고 있었다. 바닷새의 둥지도 식물과 함께 폭넓게, 신천지를 향해 서서히 진출하고 있었다.

처음 상륙하고 나서 대략 10년쯤 지난 2004년에 다시 방문하자 식물은 새섬 발치까지 도달하여 식물 종수는 6종을 기록하고 있었다. 아직 빈약한 생물상生物相(같은 환경이나 일정한 지역 안에 분포하는 생물의 모든 종류. 주로 동물상과 식물상을 합쳐서 이름)이었지만 착실히 변화하고 있었다.

내 생일은 1973년 4월 11일, 새섬의 화산 활동은 다음 날인 12일 처음으로 기록되어 있다. 같은 나이일 뿐만 아니라 범우주적인 쌍둥이일지도 모른다. 그런 내가 새섬을 조사하게 되었으니 우연 이상의 무언가를 느끼지 않을 수가 없었다.

불길한 예감

2004년의 조사로부터 대략 10년, 슬슬 다시 조사해야겠다고 생각하던 때였다. 2013년 11월, 섬 근처에서 해저 화산이 분화하여 섬이 생겼다는 뉴스가 세상에 전해졌다. 좋지 않은 예감이 들었다.

니시노시마의 동남쪽에 생겼으므로 동남니시노시마라는 전위적인 이름이 붙으리라 기대했다. 하지만 넘치는 용암에 의해 섬의 성장은 멈추지 않았고, 12월에는 또다시 니시노시마에 접속했다. 나의 운명적인 친구인 새섬 부분은 2014년 9월까지 용암에 먹혀 41년의 생애를 마감했다. 바카본[11]의 아버지와 같은 나이였다. 나는 남몰래 친구의 죽음을 애도했다.

연구를 하다 보면 이따금 조사 지역이 소멸하는 일이 있다. 내 조사지가 화전火田 때문에 잿더미로 변해버린 적도 있다. 친구의 조사지가 산사태로 파묻혀버린 적도 있었다. 그리고 이번, 섬 생물상의 수수께끼를 풀 연구 계획은 서서히 용암에 잠식되어갔다. 일본 내에 두 곳밖에 없는 큰제비갈매기 번식지 가운데 하나는 이미 흔적도 남지 않았다. 나만큼 이번 분화를 저주한 사람도 없을 것이다.

그런 한편으로 해상보안청의 항공사진에서는 용암 옆에도 식물이 파릇파릇 무성했다. 이것은 유독가스가 적다는 증거였다. 즉 생물에 미치는 영향은 용암과 화산 자갈 같은 물리적 효과로 국한된다. 그렇다면 새에 대한 영향도 최소한의 것이리라. 분화 중인 번식지에도 아직 바닷새가 있을지 모른다. 재해에 대한 바닷새의 행동, 이것 역시 좀처럼 조사할 수 없는 흥미진진한 주제였다. 조사지 소실의 분을 풀기 위해 꼭 확인해보고 싶었다.

하지만 분화는 당초 예상보다 훨씬 더 오래갔고, 섬에서 6킬로미터 이내는 경계 구역으로 지정되어 접근이 제한되었다. 그만큼 위험한 상태라는 뜻이다. 맹세컨대 내 연구에는 목숨을 걸 만한 가치는 없다. 무엇보다 나는 문방구 순례 정도나 좋아하는 방콕파다. 현지를 확인할 방법이 없었다.

◈ ◈ ◈ ◈

11 일본의 만화가인 아카쓰카 후지오의 개그 만화 〈천재 바카본〉의 주인공

두려움이 호기심을 몰아내 우물쭈물하고 있던 2014년, NHK에서 제안이 왔다. 분화의 기록을 남기기 위해 무인비행기로 촬영할 텐데 함께 가지 않겠느냐는 제안이었다. 이 정도라면 나는 안전하다! 안락의자 체질 연구자의 마음이 들떴다. 안성맞춤의 전개에 진심으로 감사했다.

가자, 가자, 불의 산으로

12월 초순, 촬영일이 되었다. 무인기 조종은 니가타 현의 에어포트서비스, 지진 후의 원자력발전소 촬영 때도 활약한 공중촬영의 전문가다. 비행기는 오가사와라 제도의 유인도 치치지마에서 고도 800미터로 니시노시마를 향했다. GPS에 의지하여 130킬로미터의 바다를 건넌 후 자동으로 공중촬영을 하고 귀환한다는 계획이었다. 전체 길이 2미터, 중량 25킬로그램, 2스트로크엔진은 시속 120킬로미터를 낼 수 있다.

스태프들이 지켜보는 가운데 기체가 서쪽 하늘로 사라졌다가 두 시간 뒤 예정대로 돌아왔다. 기체에서 카메라를 내려 드디어 영상을 확인했다. 생물을 거부하는 화산섬의 모습이 마침내 밝혀지는 것이다. 내 미션은 바닷새의 안부를 확인하는 것이었다.

우선은 고도 600미터에서 본 모습이다. 분화 개시로부터 1년이나 지났는데도 끊임없이 분화하고 있었다. 분화 연기는 비행기 근처까지 올라오고 경자동차 크기만 한 암석이 날아다녔다. 만용을 부려 게릴라처럼 상륙하지 않은 게 정말 다행이었다.

분화의 기세는 마치 공룡 시대의 재현 영상 같았다. 옛섬의 평온했던 땅은 채 2헥타르도 남지 않았고, 역시 더 이상 바닷새는 없는 건가 하고 포기할 뻔했다. 하지만 섬의 모습은 알았어도 새의 모습을 확인한 것은 아니었다. 목적을 달성하기 위해서는 좀 더 가까이 갈 필요가 있었다.

공중촬영팀이 용단을 내렸다.

"좋아, 고도를 좀 더 내리자."

그다음 비행에서 비행기는 부품이 떨어져 나가고 목제 프로펠러가 갈라지는 등 만신창이가 되어 돌아왔다. 용케 추락하지 않아 다행이었다. 괴조 시레느와 마주쳐 필살 펀치를 맞았을 가능성도 부인할 수는 없었지만, 고도를 내린 결과로 분화의 영향을 받은 것이라 생각하는 게 타당하리라. 위험했지만 그만한 가치는 있었다.

고도 200미터의 영상을 보면서 공중촬영팀의 한 사람이 바다 위를 가리켰다.

"이거, 새 아닌가요?"

하얀 파도에 섞여 모래알 같은 점이 날고 있었다. 역시 공중촬영의 전문가, 경이적인 시력이었다. 섬 근처에 바닷새가 있었다. 아직 섬에 바닷새가 남아 있을 것이라는 기대감이 싹텄다.

대뇌는 아드레날린의 바다를 헤엄치기 시작했다.

'고도를 더 낮춰!'

머릿속에서 환청이 들려와 다음 날 계획을 세웠다. 물론 '최초로 발견하는 사람이 나왔으면 좋겠다'고는 말하지 않았다.

다 큰 성인이었으므로.

세 번째 비행은 고도 150미터로 섬에 접근했다. 강풍으로 비행기의 귀환이 몇십 분 늦어 안절부절못했지만 결국 영상을 확인했다. 용암에 둘러싸여 있으면서도 아직 식물이 남아 있는 옛섬이 눈앞에 나타났다. 그리고 거기에는 확실히 바닷새가 나는 모습이 찍혀 있었다!

새는 하늘에서 공격해오는 독수리나 매에 대한 경계심이 강하다. 다가오는 비행기를 경계하여 섬에 있던 개체들이 날아오른 것이었다. 사람이 조종하는 비행기로는 도저히 할 수 없는 저공 촬영의 성과였다.

확인된 새는 이 섬에서 번식하는 갈색얼가니새와 푸른얼굴얼가니새로 추정되었다. 카메라에 잡힌 것만 해도 10여 마리, 실제로는 몇 배의 개체가 있을 것이다. 푸른얼굴얼가니새는 일본 내에서는 니시노시마와 센카쿠 열도에서만 번식이 확인된 새다. 분화에 노출되었으면서도 아직 이 좁은 땅에 유별나게 남아 있었던 것이다.

바닷새의 비상 능력은 탁월하다. 바람을 타면 하루에 몇백 킬로미터의 이동도 가능하여, 물론 다른 섬으로 피난 갈 수 있다. 하지만 그들은 섬에 남았다. 과거 번식에 성공한 장소는 번식에 적합한 조건이 확실히 있다는 의미다. 다른 장소의 경우에는 좋은 조건이 반드시 있을 것이라는 보장이 없다. 실적이 있는 장소에 대한 집착이 번식 성공률을 높이는 수단인 것이다. 위험에 노출되더라도 이 섬은 이들에게 더할 나위 없이 소중하고 특별한 장소인 것이다.

분화라는 자연의 위협에 노출되었으면서도 거기에서 계속 살고 있는 새의 모습에 나는 약간 감동하고 말았다.

그로부터 얼마 후 해상보안청이 2014년 12월 25일에 촬영한 항공사진을 발표했다. 용암은 더욱 퍼져 남은 옛섬은 대략 1헥타르. 역시 더 이상은 무리일지 모른다.

하지만 사진을 자세히 보니 용암 위에 하얀 그림자가 세 개 찍혀 있었다. 단언할 수는 없지만 푸른얼굴얼가니새일 가능성이 있었다. 고작 1헥타르라도 아직 새가 있었던 것이다. 이렇게 된 이상 마지막 한 마리까지 기운 내줘. 새는 1제곱미터만 있어도 둥지를 만들 수 있다.

물론 날짜로 보아 산타클로스일 가능성도 있었지만, 그건 그것대로 대발견이다. 그 진위를 확인하기 위해서라도 조사를 계속할 필요가 있다. 다시 리셋된 섬은 또 긴 시간을 들여 새로운 생물상을 구축할 것이다. 몇백 년이 걸릴지도 모르지만 그 결과를 꼭 보고 싶다. 지루한 조사가 과학을 지탱한다. 이번 분화는 섬의 종말이 아니라 새로운 시작이다.

좋다, 그럼 우선은 윤회전생부터 연구해보자고.

#3

최근 휘파람새가
마음에 들지 않는다

긴부리휘파람새(왼쪽)와
휘파람새(오른쪽)

오노마토페|onomatopoeia[12]

나는 휘파람새와 사이가 안 좋다.

그것은 일단 덮어두고, 스라스라나 피카피카를 알고 계시는지.[13]

통역곤약을 먹은 노비타의 독해력[14]을 표현한 말도, 아버지의 대

◆◆◆◆

12 의성어나 의태어를 가리키는 언어학 용어
13 일본어로 '스라스라すらすら'는 술술, '피카피카ぴかぴか'는 반짝반짝을 뜻함
14 노비타는 국내에는 노진구로 알려져 있는 일본 애니메이션 〈도라에몽〉의 주인공으로, 도라에몽이 준 통역곤약을 먹고 외계인과 대화를 할 수 있게 됨

머리를 표현한 말도 아니다. 이것은 붉은발얼가니새Sula sula와 까치 Pico pico의 학명이다.

이름은 타자를 인식하는 기호다. 이름을 모르면 길가의 엑스트라에 불과하지만, 오카다 군이나 호네카와 군[15]의 이름을 알면 존재를 인식하고 대상을 객관적으로 마주할 수 있다. 무명의 대상은 알기가 어려워, 때로는 흥미의 범주 밖에 두거나 때로는 기분 나쁜 존재가 된다. 그래서 더 사무라이들은 늘 상대방의 이름을 묻고, 자신도 과장스럽게 이름을 댄다. 이름이야말로 세계를 바르게 인식하기 위한 단순하면서도 필수적인 방법이다.

야생동물에 대해서도 마찬가지다. 정체불명의 동물이 늪에서 나타나면 기분이 나쁘지만, 갓파河童[16]인 걸 알면 더 이상 무섭지 않다. 엉덩이 속 구슬만 조심하면 되는 것이다.[17] 이 때문에 일본인은 일본어로, 화성인은 화성어로 야생동물에게 이름을 붙여왔다. 하지만 국제화가 진행되면서 세계 공통의 이름이 필요하게 됐다. 그래서 고안해낸 것이 라틴어를 기초로 한 학명이다. 18세기, 스웨덴의 식물학자 린네가 제안한 이명법二名法이 그것이다.

인간의 학명은 호모 사피엔스다. 호모가 속명屬名, 사피엔스가 종소명種小名, 둘을 합쳐 인간이라는 종을 특정한다. 호모 네안데르탈

◈◈◈◈◈

15 극둘 모두 〈도라에몽〉에 등장하는 인물의 이름
16 물속에 산다는 어린애 모습을 한 일본의 상상 속 동물
17 갓파는 장난을 좋아하여 인간을 보면 영혼이 들어 있는 엉덩이 속 구슬을 빼 간다는 이야기가 있음

렌시스는 같은 호모속의 근연종近緣種, 즉 네안데르탈인을 말한다.

까치의 학명은 피카속 피카pica, 붉은발얼가니새는 스라속 스라sula이다. 그들은 속명과 종소명이 같기 때문에 약간 재미있는 학명이 된 것이다.

다른 종으로 나눌 정도는 아니지만 지역에 따라 특징에 차이가 있을 경우, 종을 아종으로 나눈다. 아종은 종소명 뒤에 또 하나의 이름을 붙여 지역 집단을 특정한다. '스라 스라 스라'라고 하면 붉은발얼가니새 중에서도 카리브해나 대서양에 있는 아종, '피카 피카 피카'는 영국부터 동유럽에 걸쳐 분포하는 까치의 아종이다. 일본에서 볼 수 있는 까치는 '피카 피카 세리카'라는 아종이 된다.

피카 피카 피카처럼 제2, 제3의 이름이 같은 아종을 기아종基亞種〔원아종原亞種 혹은 원명아종原名亞種이라고도 불림. 어느 종이 몇 개의 아종으로 분류될 때 가장 오래된 학명이 붙은 아종을 말함)이라고 부른다. 이것은 이 종을 정의하는 표준적인 아종이며, 분류학상의 기준이 된다. 이를테면 아프리카 서부에 있는 서고릴라의 기아종은 바로 '고릴라 고릴라 고릴라'다. 짓궂은 장난 같지만 이것도 정식 학명인 것이다.

그럼 슬슬 본론으로 들어가보자.

고발

휘파람새는 일본인의 소울 버드이다. 홋카이도부터 화투 패에까지 널리 분포하는 친근한 새다. 법화경을 모르는 어린아이도 그 울음소리를 들으면 봄이 찾아왔다는 것을 알고 꽃가루 알레르기를 떠올려서 재채기를 한다.[18]

일본에서 볼 수 있는 휘파람새는 6아종으로 나뉘어 있다. 본토에서 번식하는 휘파람새는 그 아종명도 그냥 '휘파람새'라고 불리는 대표적 존재다. 종명과 혼동되지 않도록 아종 휘파람새라고 부르자. 그들은 홋카이도부터 가고시마까지 널리 분포하는 아종이므로, 이 이름을 하사하는 것도 당연하다. 봄에 '나로 말할 것 같으면' 하고 뻐기듯 지저귀는 것은 대표 선발에 힘입은 자신감의 표출이다.

그에 반해 오가사와라 제도의 휘파람새는 아종 긴부리휘파람새라는 이름이 붙어 있다. 이들은 부리가 가늘고 길며 몸이 작다. 아종 휘파람새는 사람들 눈을 피해 덤불 속에 있는 것을 좋아하지만, 긴부리휘파람새는 호기심이 왕성하여 사람 가까이까지 다가온다. 때로는 망원렌즈의 초점이 맞지 않을 만큼 다가와 뒤로 물린 후 촬영할 수밖에 없는 사랑스러운 새다. 모습이나 행동도 아종 휘파람새와 다르기 때문에 처음 보는 사람들은 '휘파람새가 전혀 아닌 것 같다'고 말한다.

하지만 속아서는 안 된다. 이것은 아종 휘파람새가 꾸미는 하극

◆◆◆◆◆

18 '법화경法華經'이 글자 그대로 진리의 꽃을 피운다는 뜻이라는 데서 빗댄 말

상의 시나리오 중 일부에 불과하다. 하극상이란 하위의 존재가 상위의 존재를 공격하는 구도이다. 그렇다, 내 표현에 의하면 아종 휘파람새는 하위의 존재인 것이다.

진실을 아는 자의 책무로서, 그들의 비밀을 폭로해보자. 사실 휘파람새의 기아종인 '케티아 디포네 디포네'라는 이름을 가진 것은 긴부리휘파람새다. 그 기만으로 가득한 아종의 일본식 이름과 넓은 분포 때문에 아종 휘파람새가 휘파람새계(界)의 중심인 듯 보이지만, 그 학명은 '케티아 디포네 칸탄스'로 기아종이 아니다.

즉 휘파람새라는 종은 기아종인 긴부리휘파람새를 기반으로 정의되고, 아종 휘파람새가 휘파람새로서의 학명을 가진 것은 긴부리휘파람새와 가까운 사이이기 때문이라 할 수 있다.

그렇다, 휘파람새의 중심은 오가사와라에 있다. 학명과 일본식 이름으로 입장이 역전된 것이다. 긴부리휘파람새가 아종 휘파람새와 닮지 않은 게 아니라, 아종 휘파람새가 긴부리휘파람새와 닮지 않았다고 말해야 할 것이다. 기아종에 경의를 표하는 일 없이 뻐기기에만 바쁜 아종 휘파람새의 모습을 더 이상 두고 볼 수가 없어서, 내가 기아종의 대변자가 되어 진실을 밝히게 되었다. 그들은 자신의 오만함을 참회하며 경의를 표하기 위해 오가사와라까지 방문이라도 해야 할 것이다.

이 사실을 받아들이지 못하는 친휘파람새파도 있을 것이다. 사실 이것은 인간의 역사에 농락당한 두 아종의 비극적 이야기다.

학명의 결정에는 중요한 규칙이 있다. 그것은 '빠른 것이 우선한다'이다. 세상에는 무수히 많은 생물이 있고, 생물학자는 약 300년에 걸쳐 학명을 붙여왔다. 때로는 같은 종에 다른 복수의 학명을 붙인 경우도 있다. 이것이 휘파람새에 찾아온 비극이다.

세계 각지에서 하나둘 학명이 붙던 시대, 에도 막부(1603~1867)는 쇄국의 껍데기 안에 틀어박혀 있었다. 하지만 오가사와라 제도는 아직 일본 영토에 속해 있지 않아 서양의 많은 항해자들이 방문하고 있었다. 그 가운데 한 명, 조류학자 키트리츠는 긴부리휘파람새를 발견하고 신종으로 학명을 부여했다. 1830년의 일이다.

한편 의사이자 박물학자이기도 한 시볼트는 나가사키의 데지마에 거점을 두고 일본 새의 표본을 채취했다. 1847년 그의 표본에 기초하여 휘파람새는 긴부리휘파람새와는 다른 독립된 신종으로 발표됐다. 덧붙여 이때 휘파람새의 암컷과 수컷은 다른 종으로 발표됐다. 휘파람새의 수컷은 암컷보다 상당히 크기 때문에 그 차이를 보고 다른 종이라고 오해한 것이다.

하지만 학문의 진전에 따라 휘파람새의 수컷과 암컷, 긴부리휘파람새도 같은 종으로 인식하게 되었다. 여기서 빠른 것이 우선한다는 원칙이 적용된다. 쇄국 정책의 영향으로 긴부리휘파람새가 한 발 먼저 명명되었고, 이쪽이 종으로서의 학명으로 채용되어 기아종이 된 것이다. 그리고 휘파람새에 붙은 학명은 종명에서 아종명으로 격하되었다. 에도 막부의 정책에 농락당하여 아종 휘파람새는 기아종이 될 기회를 놓친 것이다.

긴부리휘파람새라는 특수한 이름을 갖고 있으니 설마 이것이

기아종이라고는 생각할 수 없다. 아종 일본식 이름에도 영혼이 깃든 것인지, 학명과 입장이 역전됨으로써 수많은 일본인은 아종 휘파람새야말로 휘파람새라고 생각하게 됐다. 하지만 진짜 종명 계승자는 어디까지나 긴부리휘파람새이며, 그들이야말로 겐시로[19]인 것이다. 아종 휘파람새는 어차피 라오우[20]에 불과하다. 내가 세계를 정복한다면 긴부리휘파람새에게 아종 휘파람새의 이름을 주고, 아종 휘파람새는 짧은부리휘파람새로 이름을 고쳐야지.

그럼 아종의 일본식 이름은 누가 결정할 것인가. 그것은 일본조류학회이다. 100년 이상의 역사를 가진 이 학회에서는 정기적으로 간행되는 일본조류목록에서 일본 새의 리스트를 발표한다. 수많은 도감이나 레드리스트red list(적색목록. 멸종 위기에 처한 생물의 리스트) 등이 따르는 권위 있는 리스트이다. 최신판은 2012년에 발행되어 휘파람새의 아종명도 여기에서 규정되었다. 기아종에 '아종 휘파람새'의 이름이 부여되지 않은 발칙한 현상의 책임은 학회에 있는 것이다.

흐음, 책임 추궁을 위해 목록의 편집위원 이름을 확인해야만 하겠다. 흐음, 흠, 위원 리스트 그 한구석에 낯익은 이름, '가와카미 가즈토…' 바로 나다.

미안해, 긴부리휘파람새야.

◆ ◆ ◆ ◆
19 일본 만화 〈북두의 권〉의 남자 주인공
20 일본 만화 〈북두의 권〉의 주인공인 겐시로의 라이벌

결국 일본인이 옛날부터 휘파람새라고 부르며 친근감을 가져왔던 것은 긴부리휘파람새가 아니다. 설령 기아종이 아니더라도 아종 휘파람새야말로 일본인에게는 휘파람새의 실체인 것이다. 분류학상의 대표성보다 심정에 기초한 명판결이다. 오가사와라의 새를 각별히 사랑하는 나이지만, 원고 마감 전에 몰래 원고를 수정할 용기는 없었다. 뭐라 욕해도 할 말 없다.

침공

이런 두 아종의 정의롭지 못한 싸움이 새로운 국면을 맞이했다.

오가사와라 제도의 북부에 있는 무코지마에서는 전쟁 전의 기록을 마지막으로 긴부리휘파람새가 멸종되었다. 외래종인 염소에 의한 식생 파괴와 외래종인 곰쥐에 의한 둥지 포식이 주요인으로 보인다. 하지만 2007년부터 이 섬에 다시 휘파람새가 나타났다.

그래서 공동연구자와 함께 그 개체를 포획하여 DNA를 조사했다. 그 결과 아종 휘파람새로 판명되었다. 정확히는 좀 더 북쪽에 사는 아종 사할린휘파람새일 가능성도 있었지만, 이 둘의 판별은 어렵기 때문에 편의적으로 아종 휘파람새로 이야기를 진행해보자.

온난한 지역의 휘파람새는 1년을 같은 장소에서 지낸다. 하지만 한랭한 지역의 개체는 겨울이 되면 남쪽으로 건너온다. 그런 새가 오가사와라로 날아왔을 것이다. 그들은 예의 바르게도 기아종에 대한 경의를 표시하기 위해 방문했던 것이다.

오가사와라에서의 아종 휘파람새의 확인은 이번이 처음이었지만, 발견만 하지 못했을 뿐 현실에서는 이따금 날아왔을 가능성이 있다. 설령 그렇다 해도 긴부리휘파람새가 있었다면 특별히 문제는 아니다. 원주민에게는 지리적 이점이 있기 때문에 월동 개체가 남아 있을 여지가 없어서 봄이면 풀 죽어 북쪽으로 돌아갔을 것이다. 잔류 개체가 있더라도 소수라면 영향 역시 미미할 것이다.

하지만 현재 무코지마에는 긴부리휘파람새가 없다. 게다가 그 소멸 원인으로 보이는 염소와 쥐는 생태계 보전을 위해 최근 모두 없애버렸다. 지금 이 섬은 애인도, 부모도 없는 미소녀와 같은 상태다. 아종 휘파람새가 이동을 멈추고 정착하려고 한다면 그것을 막을 자가 없는 것이다.

사실 아종 휘파람새는 전과자다. 오키나와의 다이토 제도에서는 기존의 아종 다이토휘파람새가 멸종된 후 아종 휘파람새가 정착하여 2003년부터 번식이 확인되기도 했던 것이다.

최근 무코지마에서 확인된 아종 휘파람새는 아직 몇 마리 정도로, 정착했는지 여부도 모른다. 하지만 만약 정착했다면 어떻게 될까? 무코지마에서 약 50킬로미터 떨어진 치치지마 열도에는 긴부리휘파람새가 있다. 멀리에서 온 아종 휘파람새에게는 엎드리면 코 닿을 곳이다. 아종 휘파람새가 무코지마에서 개체 수를 늘리고 그곳을 기반으로 분포를 넓혀가면, 아종 사이에서 잡종을 만들어 유전자 오염이 생길 위험도 있다.

아종 휘파람새에게는 죄가 없다. 무코지마에서의 긴부리휘파람새 멸종도, 외래종의 야생화도, 외래종 구제도 모두 인간의 짓이다. 하지만 죄의 유무와 기존 새에 대한 영향을 관리하는 일은 별개 문제다. 일단 개체 수가 늘어나면 그 대처는 상당히 어려워진다. 경우에 따라서는 증가하기 전에 구제하는 용단도 필요한 국면이다. 물론 자연의 추이와 현상을 지켜보는 일은 쉽다. 하지만 그것이 반드시 모범답안이라고는 할 수 없다.

자연을 관리한다는 것은 오만불손한 태도일지 모른다. 그래도 역시 인간의 영향을 받아 눈앞에서 변해가는 생태계를 못 본 척할 수는 없다. 아종 휘파람새는 나를 고민하게 만드는 현안 가운데 하나다.

이렇게 나는 휘파람새와 사이가 좋아질 수 없게 된 것이다.

#4

밤의 장막과
종다리 사이에서

푸른눈테해오라기

잠자지 않는 아이는 누구?

나는 유행에 민감하다. 제일 먼저 꽃가루를 포착하고, 누구보다 늦게까지 이 몸을 티슈 상자에 맡긴다. 매년 봄이 되면 슬슬 제지 업계에서 감사패가 오지 않을까 하고 안절부절못하는 날들을 보낸다.

일본 인구의 약 10퍼센트라고도 할 수 있는 '꽃가루 애호가'들은 하루 종일 난무하는 꽃가루 때문에 활동성이 저하되어 자연스럽게 활동 시간이 밤으로 이동한다. 야행성 동물은 이렇게 진화해왔을 게 틀림없다. 노란 안개 속에서 희미해져가는 의식의 한구석에서 알레르기 진화론에 대한 고찰이 심화되고, 수많은 포유류가 야행성이 된 원인이 흐릿한 윤곽을 드러낸다.

포유류의 외관은 메마른 갈색을 드러내며 외로움과 쓸쓸함만이 가득하다. 수수한 배색은 시각을 중시하지 않고 후각에 의존하면서 야행성을 발달시켜온 사실에 대응하고 있다. 한편 조류의 특징은 풍부한 색채에 있다. 새는 주행성晝行性을 기본으로 하고, 시각에 의지하여 인생을 구가한다. 새의 매끈한 외관은 시각을 소통 도구로 삼고 있다는 증거인 것이다.

주행성인 새는 확실히 밤이 되면 자는 경향이 있다. 그 덕분인지 새눈鳥目[21]이라는 불명예스러운 의혹도 받고 있다. 하지만 나는 식견이 부족해 새가 야맹증이라는 증거를 찾지 못했다. 그 대신 수많은 새들이 밤에도 활동하고 있다는 것을 알고 있다.

올빼미뿐만이 아니다. 나이팅게일, 동화 애호가라면 밤꾀꼬리, 옛날이야기 동호회 회원이라면 누에鵺[22]의 이름이 머릿속에 떠오를 것이다. 문학 속의 새뿐만 아니라 수많은 새가 야간에 활약한다. 친숙한 오리도 낮에는 물 위에서 쉬고 밤에는 먹이를 찾아 돌아다니는 게 적지 않다.

◈◈◈◈

21 밤눈이 어두운 사람을 비유한 말. 밤소경, 야맹증의 뜻도 있음
22 일본 전설상의 괴물. 머리는 원숭이, 손발은 호랑이, 몸은 너구리, 꼬리는 뱀, 소리는 호랑지빠귀와 비슷하다는 짐승

그렇지만 그들은 반드시 야간에만 활동하는 드라큘라형만은 아니다. 낮에도, 밤에도 다 활동하는 쌍칼잡이형이 다수 있는 것이다. 이를테면 물 빠진 개펄에서 먹이를 섭취하는 도요새나 물떼새에게는 해가 떠 있느냐 없느냐보다 조수 간만 쪽이 더 중요하며, 밤에도 먹이 확보에 정성을 쏟는 종이 다수 알려져 있다. 여러 철새도 야간에 장거리를 이동한다. 이것은 매 같은 새에게 공격당하지 않기 위해서라도 낮은 기온의 기류가 안정적이기 때문일 수 있다.

새눈인 것은 오히려 문명 지상주의인 인간 쪽이며, 어둠에 익숙하지 않기 때문에 밤의 새를 보지 못한 것이다. 새를 새눈이라고 하는 가장 큰 이유는 인간이 새눈이기 때문이리라.

낮에는 평범하게 생활하면서 울음소리가 더 잘 들리게 하기 위해 밤을 새우는 새도 드물지 않다. 나이팅게일이라는 다른 이름을 가진 밤꾀꼬리, 누에라고 불리는 호랑지빠귀, 그들도 그런 부류다. 초여름 새벽에 두견새의 울음소리를 듣는 일도 드물지 않다. 그것들은 결코 뜬금없는 행위가 아니라 그들만의 전략인 것이다.

새는 시각의 동물임과 동시에 청각의 동물이기도 하다. 아름다운 지저귐은 청각에 의한 커뮤니케이션 발달의 증거이다. 소리 높여 노래하며 때로는 암컷에게 구애를 하고, 때로는 자신의 영역임을 선언한다. 밖에서는 보이지 않지만 깃털 아래에는 훌륭한 귀가 숨어 있는 것이다.

주행성이라면 낮에 우는 것이 도리다. 하지만 낮에는 수많은 생물이 활동하여 세계는 소리로 가득하다. 그런 한편으로 밤은 조용하고 기류도 안정되어 있다. 울음소리의 목적이 다른 개체의 귀에 닿는 것이라면 보다 목소리가 닿기 쉬운 밤을 선택하는 새가 있는 것도 수긍이 간다. 물론 낮이라면 목소리를 목표 삼아 공격해 오는 매도 밤에는 꿀잠을 잔다. 다양한 문학작품에서 밤에 우는 새가 누차 나오는 것도 조용한 가운데 소리가 더욱 도드라지기 때문이니, 시간대 선택의 성공을 상징하고 있다.

시간은 공간과 마찬가지로 생태계에 존재하는 자원이다. 낮이라는 시간은 따뜻하고 밝은 질 높은 자원이기 때문에 경쟁률이 높다. 이에 비해 밤은 그 어둠과 추위 때문에 이용자가 적은 인기 없는 자원이다. 밤의 새들은 이 마이너한 자원을 선택함으로써 이익을 얻고 있는 것이다.

귀를 기울이면

푸른눈테해오라기라는 왜가리의 분포를 조사하기 위해 야에야마 제도를 돌아다닌 적이 있다. 왜가리라고 하면 논에서 노니는 백로를 머리에 떠올리지만 푸른눈테해오라기는 숲에 사는 교로 짱[23]을 닮은 왜가리다. 그들은 어두운 숲속에서 갈색의 깃털을 덮은 채

◆◆◆◆

23 일본의 제과회사인 모리나가에서 마스코트로 사용하는 새 캐릭터

갈색의 지상에 서 있기 때문에 좀처럼 발견할 수 없다. 파란 옷을 걸치고 노란 들판에 서 있으면 발견하기 쉬울 테지만, 이들의 빈틈 없는 포식자 대비책은 조류학자의 눈을 손쉽게 속여버린다. 하지 만 그들은 밤이 되면 잘 들리는 목소리로 울기 시작한다. 그래서 그 소리에 의지하여 분포를 확인하기로 했다.

3월 하순의 이시가키지마, 아열대의 삼림에서 저녁을 맞이했다. 새들은 침소에 들기 전 한바탕 울어댔고 잠깐의 소란에 휩싸였다. 해가 저무는 것과 동시에 야생동물은 울음을 멈추었고 세계는 정 적에 빠졌다. 하지만 떠나기 아쉬운 듯 남아 있던 잔광마저 사라진 다음 순간 갑자기 숲은 밤의 술렁임에 감싸였던 것이다.

덤불과 숲속에서 울려 퍼지는 민속 악기 음색의 주인공은 흰눈 썹뜸부기의 동료였다. 숲속에서는 소쩍소쩍 하고 류큐소쩍새가 리 듬을 새긴다. 여기저기 강기슭에서 낮은 금관악기 같은 뿌우뿌우 하 는 소리가 귀에 들려온다. 이 소리의 주인이 푸른눈테해오라기다.

낮의 소란과 밤의 정적 후 어둠 속에서 솟아오르는 일상적이지 않 은 소리는 마치 영화의 한 장면 같다. 〈센과 치히로의 행방불명〉[24] 에서 해가 저무는 것을 경계로 일상이 멀어지고 요괴와 신의 세계 가 갑자기 모습을 나타내는 장면을 연상해보시라. 혹은 일몰과 함

◈ ◈ ◈ ◈

24 미야자키 하야오 감독의 애니메이션으로, 일본의 온갖 정령들이 모여드는 온천장을 배 경으로 한 소녀 치히로의 모험기를 다룸

께 향락과 네온사인으로 장식되는 롯폰기의 밤과도 비슷하다. 다만, 밤의 롯폰기를 가본 적이 없다는 것은 비밀이다.

식사하고 목욕하고 텔레비전 보며 술 한잔, 밤 시간은 바쁘다. 그 바쁜 시간을 어느 정도 포기하고 야에야마 숲속으로 들어가는 일은 쉽지 않을 것이다. 그래도 밤의 오케스트라는 한번 들어볼 만한 가치가 있다. 기회가 있으면 꼭 가보시길 바란다.

더욱이 푸른눈테해오라기의 울음소리는 가까이에서 들으면 부오부오, 멀리에서 들으면 뿌우뿌우 하고 들린다. 거리에 따라 울음소리에 포함된 주파수의 일부가 사라지는 것일 게다. 이 소리의 차이는 다른 개체까지의 거리 파악에 도움이 되는 것으로 추측된다. 덕분에 그들의 소리는 때로는 소의 울음소리와, 때로는 변속하며 가속하는 4기통 오토바이의 엔진 소리와 비슷하다. 조사 도중 정신을 차리고 보니 외양간 앞이거나 혼다 뒷자리에 앉아 있었던 적이 한두 번이 아니다. 그들을 조사할 때는 속지 않도록 정말 조심했으면 한다.

당시 이 새의 분포 지역으로 알려져 있던 곳은 이시가키지마, 이리오모테지마, 구로시마, 이 세 섬뿐이었다. 하지만 야에야마 제도에는 수많은 섬이 있으므로 진정한 분포를 알기 위해 섬을 방황했던 것이다. 그 결과 일본 최서단의 요나구니지마와 고하마지마를 포함, 미야코 제도와 야에야마 제도의 주요 섬 대부분에 있다는 것을 알게 됐다.

세상에 조류학자 수는 적고, 새의 생활과 분포에는 아직 밝혀지지 않은 것이 많다. 안타깝게도 도감의 내용도 완벽하지는 않다. 지루한 연구가 도감의 정밀도 향상과 어린이의 웃음을 떠받치고 있는 것이다.

어두운 구멍의 침입자

낮과 밤의 지킬과 하이드적 양면성은 야간 조사의 즐거움이다. 그 매력에 사로잡힌 나는 야간 조사를 위해 오가사와라의 무인도로 들어갔다. 이번 목표물은 섬새였다.

섬새의 동료는 지면에 판 깊은 구멍 속에 둥지를 만든다. 부주의하게 번식지를 걷다가 둥지를 짓밟고 강렬한 죄책감에 시달리는 것은 마침 섬새가 거기 있었기 때문이다. 이들은 하루 종일 바다에서 지내다가 밤에 둥지로 들어오기 때문에 야간에 탐색해야 한다.

날이 저물면 머리 위에서 바람을 가르는 소리가 내려온다. 초고속의 천사가 적 레이더망을 피해 저공비행할 때의 소리와 흡사하다. 바다에서 돌아온 섬새가 선회하고 있는 것이다. 땅 밑바닥에서는 환영의 소리가 울려 퍼지기 시작한다. 우우 하고 신음하는 소리, 끼끼끼끼 하고 부르짖는 소리, 투툭투투투 하고 독자적인 리듬을 새기는 소리, 다양한 소리가 솟구친다. 그에 호응하여 날고 있던 개체도 울음소리를 낸다. 360도 서라운드로 천지를 포함한 사방에서 들려오는 입체 음향이다. 천문학자도 부러워할 하늘 가득한 별에 눈길도 주지 못한 채 어둠 속에 귀를 기울이는 호사로 만족한다.

　바닷새는 늘 복수의 종으로 집단 번식한다. 그래서인지 그들은 종마다 특이한 울음소리를 낸다. 시각에 의지하지 않고 다른 종과 동종을 구별하는 것이다. 이것은 야행성 종에서는 흔한 일이다. 예를 들면 올빼미류에서도, 올빼미는 고로스케호호, 솔부엉이는 호호 하고 운다. 덕분에 우리도 소리로 종을 식별할 수 있다.

　어느 해 3월, 무인도에서 밤을 기다리는 네 명의 그림자가 있었다. 안타깝게도 루팡 일당과 후지코 짱[25]이 아니라, 멀리서 보아도 단박에 중년 남성임을 알 수 있는 사람들이다. 목표물은 검은등슴새, 세계적으로도 오가사와라 제도의 두 섬에서만 번식지가 발견된 희소종이다. 다른 이름으로 오가사와라슴새라고도 하는 이 새의 번식지를 찾기 위해 학설에 의거한 야간 조사에 들어간 것이다.

　밤의 오키나와에는 반시뱀이 있다. 밤바다에는 상어가 있다. 밤의 중남미에는 피를 빠는 미확인 동물이 있다. 하지만 오가사와라의 무인도에는 아무것도 없다. 야간 조사도 비교적 안전하다. 덕분에 나는 너무 방심했다.

　완전히 방심한 새벽 2시경 갑자기 머리에 폭력적인 충격이 전해졌다.

　머리가 화끈거렸다! 아니, 펄떡거렸다! 게다가 지끈지끈했다!

◆◆◆◆

25 몽키 펀치가 그린 일본 만화 〈루팡 3세〉에 등장하는 여자 캐릭터

에이리언에게 머릿속을 점령당한 듯한 강렬한 두통이었다. 원인을 알 수 없었다. 머릿속에서 헤비메탈 밴드 세이키마Ⅱ가 볼륨을 최대로 올리고 게릴라 콘서트를 시작하면 아마도 이런 느낌일 것이다. 사태를 파악하지 못하고 혼란에 빠진 나는 미친 듯 머리를 쥐어뜯었다. 그 바람에 안경이 어둠 속으로 날아갔다. 안경이 없으면 〈도라에몽〉의 노비타 얼굴로 변해버리는 나는 허둥지둥 안경을 찾았다. 그 덕분에 겨우 안정을 되찾았고, 비로소 사태를 파악했다.

귓속에 벌레가 있었다!

야간 조사에 헤드램프는 빠트릴 수 없다. 하지만 램프에는 벌레가 모여든다. 빛에 매료된 나방이 귓속으로 들어간 것이다. 세계는 이렇게 넓은데 왜 그 길을 선택했을까. 귓속에 침입한 나방은 3분에 한 번꼴로 내 고막에 몸을 부딪치며 날뛰었다. 나는 신음했다. 날뛰는 사이사이에도 끼긱끼긱 소리를 내며 고막에 몸을 비볐다. 이대로 가다가는 미칠 것 같았다.

솔직히 말하자. 나는 벌레가 싫다. 특히 나방은 주사와 거의 맞먹을 정도로 싫다. 그런 놈을 귓속에서 키운다니, 믿을 수가 없었다. 믿고 싶지도 않았다. 우선은 숨통을 끊기로 했다. 좋다, 물 공격이다. 머리를 기울여 수통에 있는 물을 붓자 심히 어질어질하여 금방이라도 쓰러질 것 같았다. 귀에 찬물을 부으면 반고리관이 자극을 받아 현기증이 생긴다는 말은 진짜인 모양이었다. 발 디딜 곳도 변변치 않은 바위 위에서는 이쪽의 숨통이 먼저 끊어지기 십상. 중지다.

언젠가는 나방이 고막을 뚫고 뇌 속으로 침투하여 나는 모스맨 Mothman[26]이 될 것이다. 돌연변이 모스가 배를 가르고 들어와 인류를 공포의 도가니로 몰아넣는다. 불길한 미래에 두려워하면서 아침이 되기를 기다렸다. 긴 싸움이 끝나고 나방과 우정이 싹트는 게 아닐까 불안해질 무렵, 아침 햇살 속에서 우리를 데리고 갈 배가 나타났다.

유인도로 돌아가 병원의 문을 두드렸다. 당직 의사가 13밀리미터의 피범벅이 된 나방을 끄집어냈다. 훌륭한 벌레였다고 칭찬의 말을 하고 나서야 정말 길었던 밤이 드디어 종말을 알렸다.

그 이후 야간 조사가 있으면, 초봄 그 밤의 악몽이 머리를 스친다. 귀마개와 울음소리 중 어느 것을 택해야 할지, 그것이 문제였다.

◈◈◈◈

26 1960년대 미국에서 목격되었다고 하는 나방을 닮은 미확인 생명체

2장

조류학자,
절해의 고도에서 죽을 뻔하다

#1

미나미이오토, 열혈 준비 편

조류학자는 남쪽으로 향한다

6월에는 공휴일이 하루도 없다고 한탄한 것은 노비타였다.

나는 그가 지적하기 전까지 이 공휴일 법의 구조적 결함을 깨닫지 못했다. 〈도라에몽〉의 노비타의 통찰력에는 늘 탄복한다. 이 시기는 휴일이 없을 뿐만 아니라 전국적으로 장마전선의 습격을 받아 모두들 끈적거리는 날씨에 진절머리를 낸다. 습도가 높은 가운데 신이 나서 기분이 들떠 있는 것은 복족류腹足類〔연체동물에 딸린 한 강綱. 소라, 고둥, 달팽이, 우렁이 등이 이에 속함〕 연구자들뿐이다.

일본은 국토가 남북으로 뻗어 있기 때문에 면적에 비해 너른 기후대를 가지고 있다. 아한대인 홋카이도부터 아열대인 오키나와 오가사와라까지, 지역에 따라 전혀 다른 환경을 품고 있다. 바티칸 도시국가가 아무리 찬란한 미술품을 가지고 있든, 몰디브 공화국이 아름다운 바다를 자랑하든 이것만큼은 흉내 낼 수 없다. 다양한 환경은 일본의 자랑거리다.

방금 6월은 전국적으로 장마라고 했지만 그것은 거짓말이다. 내 조사지인 오가사와라 제도는 황금연휴 무렵 장마에 들어가 6월 초순이면 끝난다. 위키피디아에는 오가사와라에 장마가 없다고 쓰여 있다. 분명 공식적으로 장마 기간이라고 공표하는 일은 없다. 하지만 혼슈까지 도달하기 전의 장마전선이 추적추적 비를 뿌리고 있으므로 장마라고 불러도 특별히 잘못된 것은 아니리라. 그래도 의심스러운 분이 있으면 꼭 5월 말에 섬에 들러보시라. 경사진 산책길의 황토가 미끄러워 올라도 올라도 앞으로 나아갈 수 없는 무한 회랑을 경험해볼 수 있을 것이다.

장마가 끝나면 오가사와라 고기압이 섬 위를 뒤덮는다. 아니, 오히려 이 고기압이 발달함으로써 장마전선이 북쪽으로 밀려가 장마가 끝나는 것이다. 그 결과로 본격적인 장마를 맞이하는 혼슈에는 미안하지만 6월의 오가사와라는 태풍 발생도 적어 1년 중 바다가 가장 잔잔하다. 이 때문에 모험적인 무인도 조사는 매년 이 시기에 집중적으로 실시된다. 그런 조사 중에서 가장 추억에 남는 곳이 미나미이오토다.

미나미이오토는 제2차 세계대전의 격전지로 유명한 이오토에서 다시 남쪽으로 60킬로미터 지점에 위치한 무인도이다. 산꼭대기의 표고는 916미터를 자랑하여, 오가사와라 제도의 최고봉이 되었다. 과거에 인간이 살았던 적은 없었고, 산꼭대기를 포함한 조사는 지금까지 세 번밖에 이루어지지 않았다.

그 이유는 두 가지다. 첫 번째는 환경성에서 원시자연환경보전지역으로 지정하여 출입이 엄격히 제한되어 있다는 점, 두 번째는 섬이 단애절벽으로 둘러싸여 도저히 올라갈 엄두를 낼 수 없다는 점 때문이다. 최초 조사는 1936년, 두 번째 조사는 1982년에 실시되었다. 그리고 세 번째가 되는 2007년, 나도 미나미이오토에 도전했다.

이 섬은 애당초 섬에 들어와 살 수 있을 만한 대상조차 되지 못하는 인간이 접근할 수 없는 절해의 고도이기 때문에 원시의 생태계가 보존되어 있다. 일본 내에 이런 장소는 극히 드물다. 특히 육지와 연결된 장소는 인간의 영향을 배제하는 일이 어렵다. 풍부한 자연을 갖추고 있으면 있을수록 인간은 거기로 들어가 자원을 이용한다. 인류는 그렇게 번영해온 것이다. 인간이 직접 손대지 않더라도, 인간이 가지고 들어온 동식물이 분포를 넓혀 문명의 앞잡이로서 구석구석까지 영역을 넓히는 일도 드물지 않다. 이 때문에 일본내에 순수하게 때 묻지 않은 원시 상태를 유지하는 생태계는 거의 남아 있지 않다. 미나미이오토는 그런 일본에 남아 있는 귀중한 원시 자연인 것이다. 야외 연구자로서 이만큼 흥분되는 장소는 없다.

지인자지 자지자명 知人者智 自知者明[1]

미나미이오토는 단애절벽으로 둘러싸여 있다. 장소에 따라서는 높이 200미터의 절벽이 앞길을 가로막아, 진격의 거인이 망설이다가 터덜터덜 돌아가는 모습이 눈에 선하다. 하지만 섬의 남쪽 딱한 군데만, 절벽 사이로 계곡이 있는 장소가 있다. 이것이 이 섬을 오르는 유일한 경로이며, 과거 조사에서도 사용된 루트이다. 다른 장소에 비하면 확실히 올라갈 수 있을 것도 같다.

하지만 그것은 착각이다. 접근이 용이해 보이는 그 부분조차 시작은 약 10미터의 수직 벽이다. 〈드래곤볼〉의 피콜로 대마왕으로 환산하면 네 명분의 높이, 세계를 정복하고도 남을 절벽이다. 200미터든 10미터든 올라갈 수 없다는 점에서는 동일하다.

또한 설령 진입 문제를 해결한다 해도 섬의 반경이 약 1킬로미터, 표고 역시 약 1킬로미터이며, 평균 경사도는 45도이다. 택지 조성 등에 관한 법률에서는 30도를 넘으면 절벽이라 부르고, 스키점프대도 40도 이하다. 연약한 연구자 따위는 초대할 수 없다. 조사에는 치밀한 준비와 마음가짐이 필요하다.

피콜로와 마주하기 전에도 장벽이 있다. 우선 유인도인 치치지마로부터 300킬로미터 이상의 바다를 건너야만 한다. 섬에는 어

◈◈◈◈

1 남을 알면 지혜로울 뿐이지만, 자기를 알면 현명하다는 노자의 말

선으로 접근하지만 문제는 마지막 100미터다. 미나미이오토에는 잔교도, 파도가 잔잔한 포구도 없어서 접안이 불가능하기 때문에, 헤엄쳐서 상륙해야 한다.

바다가 잔잔한 6월이라고는 하지만 지속되는 것은 아니다. 암초가 있는 얕은 바다에서 파도가 이빨을 드러내면 인류는 물고기 밥으로 전락한다. 태풍이 발생하면 거친 파도 속에서 철수해야만 한다. 안전한 조사를 위해서는 자신의 몸을 지킬 만한 수영 실력이 필요하다. 결국 수영장에서만 헤엄치던 사람도 어느샌가 발길질 한 번으로 바닷속에서 고무보트를 향해 날아오를 정도의 실력자가 된다.

다음 적은 대망의 피콜로 4인방이다. 새 발의 피 같은 수행으로 에네르기파는 조금밖에 나오지 않았으므로, 조사 한 해 전부터 암벽등반 체육관에 다니기 시작했다. 허리에 안전벨트, 손가락에 초크, 15미터의 인공 절벽에 계속 도전했다. 체육관에 다니는 용사들은 모두 야무진 〈람보〉의 실베스터 스탤론 같은 얼굴이 된다. 약 반년의 훈련으로 자신감이 붙어 나도 덩달아 스탤론의 얼굴이 되었다. 손이 어디까지 닿는지, 그 자세에서 몸을 위로 올릴 수 있는지, 자신의 성능과 한계를 아는 것이 안전 확보를 위한 필수조건이다.

테크닉뿐만이 아니다. 기초 체력의 향상도 필요하다. 집에서 직장까지 대략 10킬로미터. 자전거로는 그다지 훈련이 안 되어서 조사 약 3개월 전에는 조깅 출퇴근으로 변경했다. 내 다리로 장거리를 달리는 건 고등학교 이후 처음이었다. 첫날은 업무의 효율성이 떨어질 만큼 피곤했지만 저녁 무렵쯤에는 회복되어 다시 의기양양하게 집까지 달려갔다. 기분은 포레스트 검프였다. 하지만 중간부터 이 톰 행크스의 무릎이 아프기 시작했다….

아파, 미안, 데리러 와줘….

계획은 첫날부터 중단하지 않을 수 없었다. 훈련 때문에 거사 전부터 고장이 나다니, 딱하기 이를 데 없다. 자신의 성능과 그 한계에 대한 무지에 깜짝 놀랐다.

애당초 반년 정도의 훈련으로 자신을 알 수 있다면, 델포이의 신탁도 노자도 역사에 이름을 남기지 못했을 것이다. 유약한 연구자에게 무리는 금물이다. 아무튼 과도한 자신감보다는 한결같이 겸허하게 노력해야 한다.

결국 상륙할 때는 다이버가, 루트 공략에는 등반가가 각각 도와주기로 했다. 무리하지 않고 그 분야의 전문가에게 의지한다, 이것이 정답이었다. 연구자는 연구에 대한 것만 생각하면 되는 것이다.

우주의 바다는 나의 바다

몸의 준비와 병행하여 물자 준비도 척척 진행되어갔다. 무엇보다 충분한 예산이 필요했다. 식수도 없는 무인도에서 총 23명의 조사대가 13일의 일정을 소화해야 한다. 조사 기재, 식료품, 보험, 배의 임대 계약, 모든 준비에 자금이 든다. 이 조사는 도쿄 도의 예산과 슈토대학도쿄가 신청한 문부과학성의 과학연구비로 실시되었다. 구체적인 금액은 비밀이지만 막대과자로 건물을 세울 수 있을 정도의 예산이 필요했다는 것은 확실하다.

조사는 연구자만 있으면 되는 것이 아니다. 예산의 획득과 조사 준비를 담당하는 숨은 인재들이 있어야 가능하다. 우리가 뻐기듯 자랑스럽게 성과를 떠들어댈 수 있는 것도 겉으로 드러나지 않는 스태프들 덕분이다. 늘 다방면에서 우리를 지원해주는 수많은 협력자에게 이 자리를 빌려 진심으로 감사의 뜻을 표하고 싶다.

첫 단계인 자금 조달이 끝나면 드디어 조사 자체에 대한 준비에 들어간다. 여기에서 문제가 되는 것이 미나미이오토로 가지고 들어갈 물자의 상태다. 이 조사에서 가장 중요시되는 것은 외래종의 관리다. 외래종이 조사지의 재래 생태계에 대해 중대한 영향을 미친다는 것은 다시 설명할 필요도 없으리라.

아놀드 슈워제네거를 궁지에 빠트린 프레데터, 친구 친구 하고 연호하며 살육을 반복하는 화성인, 올스파크를 노리는 디셉티콘. 외래종 문제 학습용 계몽영화는 많으므로 자세한 것은 인터넷 등을 참고하기 바란다. 어쨌거나 생태계 보전을 사명으로 하는 생태학자가 조사하는 데 외래 생물을 가지고 가서는 안 된다. 원시 자연을 지켜온 미나미이오토에서는 특히 엄중한 대책이 필요했다.

외래 생물은 조사 기구의 다양한 곳에 잠복해 있다. 웨이스트 파우치의 구석, 신발 뒤, 매직테이프 사이, 현장 조사를 자주 하는 연구자의 도구는 외래 생물의 보고이기도 하다. 이 때문에 미나미이오토의 조사에는 원칙적으로 새 도구를 사용하기로 했다. 배낭과 신발, 옷, 화려한 바지를 비롯해 텐트 같은 캠핑 도구, 포획 및 계측 등에 사용되는 조사 기구, 로프와 안전벨트 등 온갖 도구를 새로 조달했다. 새것으로 바꾸기 어려운 특수한 도구는 냉동고에서 얼려 알코올로 닦고 청소기까지 들이밀었다. 마음속으로 기도하며 최대한의 대책을 마련했다.

힘들게 정화한 도구도 짐을 꾸리다 생물이 혼입되면 말짱 도루묵이다. 다음은 청정화한 준비실, 즉 클린룸의 설치다. 회의실 창을 닫고 틈마다 문풍지를 바른 후 발삼balsam〔침엽수에서 분비되는 천연수지의 하나. 피부기생충 구제, 방부제를 겸한 향미료, 향료 등에 이용〕을 피운다. 에어컨도 사용하지 않는 고밀도 사우나실이 완성된다. 신발을 벗고 몸을 씻은 후 클린룸에 들어가 땀을 뻘뻘 흘리며 서로의 짐을 심사한다.

수영으로 상륙해야 한다는 제약 때문에 조사 기구는 일인당 20킬로그램으로 제한했다. 엄선한 짐은 바다에 뜰 수 있도록 발포 스티로폼 상자와 방수 가방으로 봉인한다. 바다를 경유하므로 물자 표면의 외래종 제거 효과도 있다.

마지막은 우리 자신의 청정화다. 출발 일주일 전부터 조사대원은 종자가 있는 과일 섭취가 금지된다. 6월은 오가사와라의 특산품인 패션프루트가 한창 때다. 하지만 종자가 소화기관을 거쳐 살포될 가능성은 부정할 수 없다. 휴대용 화장실도 지참하지만 위험 부담이 있는 것은 최소한으로 억제해야만 한다. 남몰래 과일 금식

수행에 들어가고, 분풀이 삼아 가메다제과의 감 씨앗 모양 센베를 탐한다.

　새 블루시트를 깐 트럭에 짐을 싣고 해충 구제가 된 어선에 쌓아 올렸다. 짐의 총 무게는 1.5톤을 넘어, 티롤초코 과자로 환산했을 때 매일 두 개씩 먹어도 다 먹으려면 약 200년이 걸리는 무게에 경악했다.

　노비타가 '흐리멍텅한 감사의 날'을 제정한 6월인데, 우리는 이마에 땀을 흘리며 준비를 마무리했다. 구급, 구명 강습을 받았고, 어느새 사망 시 5,000만 엔의 생명보험을 들었다. '장마에서 탈출해 남쪽 섬이라니 멋져♡' 같은 환상 따위는 날려버리는 남자들만의 2주를 위해 1년 동안 준비해왔다. 과학자에게도 신의 가호는 반드시 필요하다. 치치지마 항구가 내려다보이는 오가미야마 신사로 참배를 갔고, 신주의 축사로 준비의 종료를 알렸다.

　연구에 노력상은 없다. 아무리 준비가 치밀해도 결과가 동반되지 않으면 의미 없다.

　불안과 기대가 엇갈리는 가운데 〈루즈가 전하는 말〉[2]을 읊조리며 우리의 배는 미나미이오토를 향해 출발했다.

◆·◆·◆

2 일본의 가수 유민이 1975년에 발표한 노래

#2

미나미이오토,
사투의 등정 편

낙석과 인어 사이

그 가게의 이름은 카페 파라다이스. 상처 입은 남자들이 모이는 장소. 고집스럽게 선글라스를 벗지 않는 구릿빛 피부의 남자. 날카로운 눈빛으로 주위를 바라보는 작은 몸집의 남자. 그 시선 끝에 있는 간소한 차림의 남자. 그들은 말없이 상처를 치유하고는 돌로 만든 입구에서 모습을 감춘다.

진짜 이름은 베이스캠프. 여기는 절해의 무인도. 미나미이오토의 해안이다. 로빈슨 크루소 놀이에 질려 한창 카페 놀이 중이다. 추천

음식은 칼로리메이트[3]가 첨가된 위더인젤리[4], 가이바라 유잔[5]의 분노를 살 것 같은 실용을 최우선한 메뉴이다.

으음, 자세히 보니 칼로리메이트가 아니라 칼로리에이드다. 전자는 한 통에 400킬로칼로리인데, 후자는 300킬로칼로리밖에 안 된다. 어쩐지 싸더라니. 예산을 아끼느라 그런 모양이다.

몇 안 되는 원시 자연을 유지하고 있는 미나미이오토에 25년 만에 자연환경조사대가 찾아온 것이다. 동물학자, 식물학자, 지질학자 등 23명이 13일 동안 조사에 들어간다.

가혹한 조사에서 베이스캠프가 수행하는 역할은 크다. 통신의 중심이자 긴급 사태 때의 피난처이고, 숙박과 휴식의 장소가 된다. 하지만 섬 주위는 절벽으로 둘러싸여 캠프가 가능한 해안은 고작 10여 미터의 폭, 비와 호를 에워싼 시가 현의 육지 정도가 주는 존재감밖에 없다.[6]

굵은 눈썹의 스나이퍼[7]는 등 뒤에 누가 있으면 공격하는 나쁜 버릇이 있다. 등 뒤의 기척을 본능적으로 싫어하는 것은 포식자에 대한 경계심이 강한 개체가 살아남은, 진화 역사의 증거이다. 벽에 등을 기대면 안심되는 것은 이 때문이다. 하지만 이 섬에서 절벽에

❖ ❖ ❖ ❖

3 일본 제약회사의 영양 식품
4 일본의 음료 업체인 위더와 모리나가가 합작하여 만든 젤리 타입의 에너지 음료
5 일본 요리 만화 〈맛의 달인〉에 나오는 미식가
6 비와 호는 일본 최대의 호수로 시가 현 전체 면적의 1/6을 차지함
7 사이토 다카오의 만화에 등장하는 살인청부업자 고르고13을 가리킴

등을 기대서는 안 된다. 그곳은 낙석의 온상이다.

그렇지만 여기에는 절벽 아래 말고는 다른 장소가 없으므로 어쩔 수 없다. 누구든지 사투를 벌이다가 절벽 아래로 떨어져 구사일생으로 야영을 하면서 복수를 맹세, 언젠가는 포로가 된 미녀와 사랑에 빠질 기회도 있을 것이다. 그때를 대비하여 올바른 절벽 선택 방법을 전수해주겠다. 절벽 아래에서는 위를 보지 말고 발밑만 보기 바란다. 떨어지는 돌이 둥글면 안전하다. 각진 돌은 신선한 낙석의 증거, 위험성이 높은 것이다.

이렇게 안전지대를 골랐지만 안타깝게도 낙석은 제로가 아니다. 매일 밤 주먹만 한 돌이 떨어지기 때문에 잠잘 때도 헬멧을 벗어서는 안 된다. 그렇다고 해안 쪽으로 가면 밀물 때 인어가 다리를 잡아끌 것이다. 낙석과 인어 사이에 끼어 어쩔 줄 몰라 하는 사이에 좁은 해안을 오가게 된다. 절묘한 취침 자세로 낙석의 치명상을 피하는 기술을 맹렬한 속도로 습득하면서 조사 첫날이 시작되었다.

하늘에서 바닷새가 내리면

섬에서의 첫 미션은 생물상의 해명이다. 우선 영화 〈매드맥스〉에 나올 법한 우락부락한 루트 공략반이 산꼭대기까지 올라가는 경로를 확보한다. 아폴로초코 모양의 섬, 절벽이나 다름없는 급경사에 로프를 설치하고 연약한 연구자를 산꼭대기로 이끈다.

후두두 무너져 내리는 경사면을 올라가니 표고 400미터부터는

키 작은 나무숲으로 되어 있다. 그 발밑에는 두더지 잡기 게임 같은 빈 구멍이 여러 개 있다. 터널 모양으로 판 흰배슴새의 둥지 구멍이다. 터널 천장의 내구 하중은 체중 200그램의 슴새까지다. 하지만 오늘 손님은 매드맥스들이다. 아무리 조심하더라도 둥지를 밟고 만다.

야외 조사에서 자연에 아무런 영향도 주지 않는 것은 불가능하다. 거기에 있는 것만으로 지상을 짓밟게 되고 식물에 상처를 주어 쓰치노코가 멸종됐다.[8] 최대한 조심은 하지만 너무 조심하느라 조사를 못하면 그 또한 본말전도다. 자연을 파괴하는 이상 최대한의 성과를 얻는 게 예의다. 마음속으로 사죄의 말을 하면서, 한 걸음을 뗄 때마다 새로운 업을 짊어지며 우리는 앞으로 나아갔다.

그리고 마침내 표고 916미터의 산 정상, 오가사와라 제도의 최고봉에 도착했다. 얇은 두께를 자랑하는 아이폰6라면 13만 대 정도를 쌓아야 하는 높이다. 여기서 보는 경치는 최고의 절경이리라 생각했는데, 산꼭대기는 짙은 안개에 덮여 전파마저 닿지 않았다. 안타깝게도 바다 한복판에는 안테나가 없고, 표고가 높은 곳에는 안개가 자주 낀다. 그 덕분에 습도가 높아 운무림雲霧林이라고 불리는 습한 삼림이 형성된다. 하천이 존재하지 않는 섬의 생태계를 지

◆◆◆◆

8 쓰치노코는 일본에 있다고 전해지는 미확인 동물. 망치와 닮은 형태로 몸체의 중심부가 통통한 뱀. 홋카이도와 오키나와 지방을 제외하고 일본 전역에서 목격담이 전해지지만 지금까지 객관적으로 존재가 증명되지는 않았음

탱해주는 것이 이 운무의 수분이다.

안개 속에 점점이 새의 사체가 떨어져 있었다. 일상생활에서 새의 사체는 반물질과 함께 소멸해버리기 때문에 눈으로 볼 기회가 적지만, 미나미이오토에는 반물질이 없으므로 소멸하지 않는다. 그렇기는커녕 쥐나 까마귀 같은 사체를 먹는 척추동물도 없어서 사체는 서서히 분해된다. 자세히 보니 덩굴이나 나뭇가지에도 사체가 걸려 있었다. 생체보다 사체가 더 좋은 나에게는 천국 같은 지옥도이다. 새끼를 많이 낳는 새의 사체는 풍요로운 자연의 증거다. 좋다, 좋아.

산꼭대기에서 해가 저물기를 기다려 밤이 된 후 조사를 시작했다. 헤드램프를 켜고 심호흡하다가 비명을 지른다.

…윽, 오옷!

갑자기 입안의 불쾌감과 구역질이 터져 나왔다. 램프에 무수히 모여든 작은 파리가 호흡과 함께 입과 코로 침입해 왔다. 이대로 송전기에 걸리기라도 하면 공포의 파리남이 되는 것도 꿈은 아니리라. 사체 천국은 분해자인 파리의 천국이기도 했던 것이다. 풍부한 사체를 먹이 삼아 풍만해진 파리들이 숨을 쉴 때마다 폐부까지 들어온다.

물론 숨과 함께 파리도 내뱉었지만 신기하게도 들어오는 파리 수보다 나가는 수가 더 적다. 숨을 쉴 때마다 파리 열 마리 정도의 무게가 늘어나 배불뚝이 중년남이 되는 것 같았고, 무엇보다 기분이 나빴다. 원시 자연이 아름답다는 것은 도시파의 망상에 불과했다. 현실의 자연은 사체 범벅에 입안에는 파리로 넘쳐나고, 마음속에서는 욕설이 들끓어 몸과 마음 모두 암흑 속으로 추락해간다. 그렇다고 호흡을 멈추면 나 자신이 사체 천국의 동료로 편입이다.

잘 생각하자. 뭔가 해결책이 있을 거야.

호흡을 그만둘 수는 없으니까 발상을 바꿀 수밖에 없다. 이곳의 파리는 섬의 사체를 먹고 자란다. 몸의 소재는 새고기 100퍼센트. 그렇군, 입에 들어 있는 것은 파리 형태를 한 새고기다. 그렇다면 참을 만하다.

교묘히 자신을 속인 나는 열반에 든 심정으로 조사를 재개했다. 다음 순간, 검은 새가 램프를 향해 날아왔다. 이것이야말로 이번 조사의 주 목표물, 검은바다제비였다.

이 새는 미나미이오토의 산 정상부를 세계 유일의 번식지로 하는 바닷새다. 진언밀교의 총본산인 고야산의 암중 사원보다 더욱 높은 산에서 번식하는 중요한 바닷새다. 그들은 밤이 되면 바다에서 육지로 돌아와 하늘에서 비처럼 내려오는 것이다. 그리고 빛에 이끌려 내게로 하나둘 몸을 부딪쳐 온다. 사체 천국은 어둠 속에서 산 자들의 낙원으로 변한다. 여전히 숨을 쉴 때마다 파리와의 동화는 진행되었지만, 이 번식지의 현상을 확인하는 것은 중요한 사명이었다.

검은바다제비의 빗속에는 검은등슴새라는 다른 바닷새도 섞여 있었다. 이 조사 시점에 알려진 기존 번식지는 히가시지마라는 작은 섬뿐이어서 제2의 번식지를 발견한 셈이었다. 이 섬은 해안부터 산꼭대기까지 전역에서 바닷새가 번식한다. 그 둥지 수는 대략 수십만 개에 달하는 것 같았다. 바닷새로 둘러싸인 섬이야말로 오가사와라 원시 생태계의 자연스러운 모습인 것이다. 보전에 있어서 목표로 해야 할 진정한 모습을 똑똑히 볼 수 있었다.

그대로 바닷새의 비를 맞고 싶었지만 다음 날을 대비하여 휴식도 필요했다. 산 정상에서 야영을 했다. 잠들기 전에 별동대와 미팅하면서 가벼운 정리에 들어갔다.

…아내가 아이를 데리고 가버려서 재판 중인데…. 앗, 나도 돌싱…. 그렇구나, 나도 그런데…. 이런저런 생각으로 잠들지 못했는데, 그렇게 벌써 3일이나 못 자고 있다고요….

조사대가 안고 있는 어둠은 밤보다 깊다. 미나미이오토의 밤은 이제 막 시작됐다.

백옥루의 새[9]

또 다른 미션은 표본 채집이다. 생물상 조사에 있어서, 거기에 그 생물이 있었다는 확실한 증거는 필수이다. 갓파 역시 미라가 남아 있기 때문에 그 존재를 담보한다. 위 속 내용물이나 내부 기생

◆◆◆◆◆

9 백옥루는 문인文人이나 묵객墨客이 죽은 뒤에 간다는 천상의 누각. 당나라 시인 이하李賀가 죽을 때 천사가 와서 천제天帝의 백옥루가 이루어졌으니 이하를 불러 그것을 기록하게 하려 한다고 말했다는 데서 유래

충, 뼈의 형태 등 생체를 통해 접근할 수 없는 지식이 보증되어, 후세의 누구나 대상을 검증할 수 있게 된다. 표본에서 훗날 신종이 발견되는 경우도 있으므로 그 가치가 높다.

표본 채집이란 새를 죽이는 일이다. 여기에는 찬성과 반대가 있을 수 있다. 실제 일부러 죽여 표본을 만드는 일은 줄어들었고, 최근에는 자연 사망한 개체를 사용하는 경우가 많다. 하지만 좀처럼 조사할 수 없는 무인도에서는 적극적으로 포획하지 않으면 표본을 얻을 수 없다. 이때도 또 하나의 업보를 짊어지게 된다.

포획한 새를 약품으로 안락사시킨다. 무인도에 냉장고용 콘센트는 없기 때문에 그 자리에서 방부 처리를 한다. 메스로 가슴을 최소한으로 절개하고, 근육과 내장 같은 부패하기 쉬운 부위를 제거한다. 꺼낸 내장은 알코올 보존하여 가지고 돌아간다. 체내에 소금을 담고 다시 표본 자체를 소금 속에 묻어두면 장기 보존이 가능하다. 부정한 것을 없애는 데 효과가 있는 성분에 절임으로써 그 살균력으로 부패가 억제된다.

피 묻은 손을 씻기 위해 바닷물에 손을 담근다. 다음 순간 물속 돌 틈에서 에이리언의 입이 나타나 덤벼들었다. 새를 죽인 보복인가 싶었는데 그건 아니었다. 기분 나쁜 작은 곰치가 피 냄새에 반응한 것이다. 종이 한 장 차이로 피하자 방금 전까지 손가락이 있던 곳에 곰치 몇 마리가 뒤엉켜 있다. 언뜻 평화로워 보이는 자연의 풍경도 갑자기 이빨을 드러낸다. 여의사도, 요염한 간호사도 없는 무인도에서는 작은 상처 하나도 방심할 수 없다. 이 섬에서는 죽음과 삶이 늘 가까이에 있는 것이다.

조사도 종반으로 치닫자 방심과 피로가 쌓여간다. 산꼭대기와 달리 물도, 그늘도 없는 해안가는 오전 8시면 뜨겁게 달아오른 불지옥으로 변한다. 함부로 그늘에서 나갔다가는 햇살에 그을려 2초 정도 만에 증발하고 그 후에는 아무것도 남지 않는다. 카페 파라다이스는 조사대의 휴식을 위해 오픈했다. 휴가 중인 미나미이오토 섬주민들이 카페 파라다이스의 햇빛 가리개 밑에 모인 것이다.

단골인 구릿빛 조사대장은 밤낮 할 것 없이 선글라스다. 해변으로 볼일을 보러 갔다가 파도를 뒤집어쓰고 그 속에 숨어 있던 인어에게 안경을 갖다 바친 것이다. 예비용 안경은 선글라스밖에 없어서 밤이면 깜깜해, 깜깜해 하고 한탄했다. 그는 식물학자이지만 야자집게coconut crab〔갑각류의 일종으로, 육상 생활을 하는 절지동물 중 가장 큰 종류. 강력한 집게로 야자의 과육을 먹음〕를 발견하고 흥분하여 실은 동물학자가 되고 싶었다는 쓸데없는 커밍아웃을 시작했다.

그 옆에서는 작은 몸집의 복족류 연구자가 바다를 향해 예리한 시선을 보내고 있었다. 신종 4종과 맞바꾸듯, 역시 소중한 안경을 산신령에게 헌납했기 때문에 눈을 가늘게 뜨지 않으면 잘 보이지 않는 모양이었다. 시선 끝의 물가에서는 수서동물학자가 기록 영상을 찍고 있었다. 낙석 대비 헬멧을 착용하고 있는 것은 훌륭했지만 목 아래는 팬티 한 장 차림이었다. 그는 대체 무엇을 지키고 있는 것일까.

각자의 드라마를 가슴에 담고 조사 기간이 종료를 알렸다. 귀갓

길의 짐을 줄이기 위해 카페 파라다이스도 슬슬 폐점 세일에 들어갔다. 예비 음료를 마구 먹어 약간 살찐 채 섬을 뒤로했다.

가지고 돌아온 샘플을 분석할 무렵, 미나미이오토의 영상이 텔레비전을 통해 방영되었다. 조사에는 영상기록반도 동행했던 것이다. 영상을 본 나는 너무 놀라 입을 다물지 못했다. 정말이지, 화면에 비친 미나미이오토가 너무나 아름다웠던 것이다! 이것은 내가 아는 섬이 아니다. 발밑에 사체 천지, 아직도 입안에 감촉이 남아 있는 파리 호흡, 물가에서 몸부림치던 지구 밖 생명체야말로 저 섬의 진실이다.

편집되어서는 안 된다. 아름답기만 한 자연은 없다. 텔레비전의 풍경은 거짓은 아니었지만 진실의 일부일 수밖에 없었다. 배신하지 않으면 후지코 짱의 수수께끼 같은 매력은 반감된다. 아름다움이란 독毒이 뒷받침되어야만 비로소 진정한 매력을 발휘하다는 사실을 명심해주었으면 좋겠다.

3장

조류학자는 편애한다

도리를 따르면
인과율은 사라진다

휘파람새
(좌우 모두)

바람이 되어

아침 안개 속, 엔진에 불을 붙인다. 머신이 미친 듯 안개를 뚫고 나온 아침 햇살과도 비슷한 포효를 내뱉는다. 일상의 굴레로부터 해방되어 적당한 긴장감이 몸과 마음에 넘친다.

내가 바이크를 타는 데는 응당한 이유가 있다. 그것은, 조류학자 이기 때문이다.

조류가 바이크의 상징인 것은 의심할 여지가 없다. 혼다, 할리, 모토 구찌 같은 바이크의 로고에는 늘 새의 날개가 퍼덕이고 있다.

이것은 바이크 업계의 조류학에 대한 열렬한 러브콜이다. 이런 호의를 모른 척할 수는 없는 법. 신사인 나는 조류학의 명예를 위해서라도, 그들에 대한 답례로서 조심스럽게 바이크를 타는 것이다.

바이크 업계가 새를 상징으로 내세우는 것도, 조류학자가 바이크를 타는 것도 당연한 일이다. 어쨌거나 바이크와 새 사이에는 많은 공통점이 있다. 색채의 풍부함이나 높은 기동성도 그렇고, 무엇보다 최대의 공통점은 둘 다 이족보행이라는 점이다. 바이크로 보행한다는 말에 약간의 위화감이 들 수 있지만 요컨대 땅과 닿는 곳이 두 군데라는 것으로 이해해준다면 좋겠다. 인간 말고 이족보행이라는 특수한 운동을 일상적으로 하는 것은 새와 바이크 정도인 것이다.

내가 아는 한 동물은 다리가 많을수록 불쾌감이 커지고 적을수록 아름답다. 지네는 백 개, 거미는 여덟 개, 바퀴벌레는 여섯 개, 시궁쥐는 네 개, 조류와 미의 여신 아프로디테는 두 개. 아무리 생각해봐도 조류와 여신이 아름답다. 물론 바이크가 사륜차나 덤프트럭보다 압도적으로 멋지다는 것은 말할 필요도 없다. 그렇지 않다면 스티브 맥퀸이나 톰 크루즈가 미션을 수행할 때 바이크를 사용할 리 없지 않는가.

자, 그래서 약간의 편견을 알아챈 통찰력이 예리한 분도 있을지 모르지만, 새와 바이크가 이족보행과 화려한 외모라는 공통점을 가진 것은 이해하셨을 터다. 실은 이 두 가지에는 강한 연관성이 있다. 그것은 기능미라는 말로 집약된다.

새가 하늘을 날기 위해서는 경량화가 반드시 필요하다. 고양이나 까마귀가 비슷한 크기처럼 보일지 모르겠지만 전자는 약 4킬로그램, 후자는 600그램이다. 바이크는 두 바퀴로 버틸 수 있는 한정된 공간만 소유한다. 같은 1000cc라도 자동차는 약 1톤, 바이크는 200킬로그램이다. 새나 바이크 모두 경량화된 콤팩트한 몸체에, 운동에 필요한 장비를 모두 갖추고 있다.

공간 절약에 고기능이라는 도전적인 목표를 달성하려면 필요한 기관을 엄선하고, 무리하여 각 부위를 깎고 또 깎아야만 한다. 그 결과 각각의 종, 모델은 다기능성보다 전문성을 더 부각시켰다. 장거리 비상에 특화된 것, 수상 이용에 중점을 둔 것, 고속도로를 장기로 하는 것, 극단적인 오프로드만 달리는 것. 단일 기능의 단순함이 외형을 향상시켰다.

군살을 솎아내고 세련된 형태로 가득 채운 기능미. 이것이야말로 그들의 최대 공통점인 것이다.

뼈까지 사랑하여

나는 골격 표본을 모은다. 변태라서 그런 게 아니다. 조류학자이기 때문이다.

군더더기가 없는 새의 형태는 아름답다. 그중에서도 골격계만큼 기능미를 구현시키고 있는 부위는 없다. 새의 최대 특징인 비상을 뒷받침해주는 것은 날개지만 그 날개를 뒷받침하고 있는 것은 골격이다.

날개의 제어에는 근육의 작용을 지지하는 골격이 꼭 필요하다. 마초인 터미네이터도 늪이나 용광로처럼 발 디딜 곳이 없는 장소에서는 어쩔 도리가 없다. 오슨 웰스가 라디오에서 묘사한 화성인조차 문어 다리 속에는 뼈를 숨기고 있을 것이다.

근육이 발생하는 부하를 견디기 위해 골격에는 강도와 유연성이 필요하다. 위팔뼈는 속이 비어 가볍고, 유연하면서도 요염한 곡선을 그린다. 손발 끝에서는 여러 개의 뼈가 맞물려 수를 줄이는 한편 경량화와 강화를 양립시키고 있다. 경량화된 골격에는 군더더기가 없어 진화의 묘미가 흘러넘친다.

척추동물은 골격과 이것을 덮은 연부조직으로 이루어져 있다. 연부조직은 옮겨 다니는 존재다. 그 형상은 음식물 섭취량에 좌우되어 근육과 지방 모두 늘어나기도 하고 줄기도 한다. 깃털은 자외선이나 마찰로 닳았다가, 매년 다시 생겨나는 일시적인 변이다. 죽으면 썩는다. 참으로 헛되다.

이에 반해 골격은 강건한 존재다. 한번 성장하면 이 형태는 안정된다. 연부조직이 다 썩고 나서도 때로는 1억 년이 넘도록 그 형상을 유지한다. 이런 골격을 상찬하지 않고 어느 부위를 상찬할 수 있을까.

그런데도 안타까움은 있다. 일본 연구기관에 보존된 조류의 표본은 대부분이 가박제인 것이다. 가박제란, 박제와 똑같이 깃털을 붙인 표본으로, 바싹 긴장하고 있는 자세를 취한 상태의 것이다.

우리 연구소에서도 가박제는 1만 점 정도 소장하고 있는데, 골격은 부분적으로 100점 정도 있는 데 불과하다. 깃털의 아름다움은 확실히 새의 특징이지만, 내면의 아름다움이 소중하다고 도덕 교과서에도 쓰여 있지 않는가. 이것은 참으로 중대한 사태다.

외모지상주의에 의한 도덕 붕괴의 위기를 눈치챈 나는 조류의 골격 표본을 수집하기로 결심했다.

미녀를 사랑하는 데 이유가 따로 없듯이 표본 수집에 사소한 목적은 필요 없다. 오히려 무목적 무제한으로 수집하는 데 목적이 있으며, 다수를 소장함으로써 가치가 생겨난다.

인간에게도, 새에게도 개체 차이가 있기 때문에 소수의 표본으로는 그것이 전형적인지 아닌지 알 수가 없는 것이다. 금성인이 인간의 표본을 채집하다가 우연히 한니발 렉터[1]와 제이슨 부히스[2]를 포획했다면 쓸데없는 오해를 불러 은하연방경찰이 갸반[3]을 보냈을 것이다. 하지만 1,000개체쯤 포획하면 일반적인 지구인의 특징을 이해할 수 있을 테고 오해도 풀릴 것이다.

마찬가지로 〈울트라맨〉의 발탄 성인이나 M78성인 등 각 우주인의 표본을 여럿 수집하면 종족에 따른 차이가 밝혀질 것이다. 이

◈◈◈◈

1 미국의 토머스 해리스가 발표한 범죄 스릴러 소설이자 동명의 영화 〈한니발 라이징〉, 〈레드 드래곤〉, 〈양들의 침묵〉에 공통으로 등장하는 캐릭터
2 호러 영화 〈13일의 금요일〉에 등장하는 살인마
3 1980년대 초 일본에서 방영된 특수촬영물 〈우주형사 갸반〉의 주인공

렇게 다양한 표본을 채집해두면 일단 안심이다. 만에 하나 복숭아나 대나무 안에서 사람 모양 동물이 발견될 경우에도 정밀한 계측에 의해 종족을 특정할 수 있다.

표본이란 생물학에 있어서 사전이다. 사전은 모든 어휘가 나열되어 있어야만 의미가 있다. 만약 사전에 울트라 괴수밖에 실려 있지 않다면 아무런 쓸모가 없다. 물론 개별적으로 가치가 있는 표본도 있지만 빈틈없이 모두 갖추고 있어야만 표본 수집의 진수라고 말할 수 있을 것이다. 개중에는 한 번도 이용되지 않고 표본 상자 안에 고이 모셔진 채 영원의 시간을 보내는 표본도 있지만 그것이 거기에 있다는 게 중요한 것이다.

충분히 갖추어놓은 골격 표본은 편리한 도구가 된다. 앞에서 말한 것처럼 조류의 골격은 군더더기를 모두 제거하고 필요 최소한의 형태만을 남기고 있다. 이 때문에 각각의 종 특성이 각 부위의 형태에 현저히 드러난다.

장거리를 비상하는 신천옹, 맹렬한 스피드로 나는 매, 덤불 속에서 노는 휘파람새. 같은 새라도 나는 방법에는 달月과 자라⁴만큼의 차이가 있고, 이는 날개 뼈의 형태 차이에 반영된다. 지상을 이용하는 차이는 다리뼈에, 먹이의 섭취 방식은 턱뼈에 그 차이가 발생

◈◈◈◈

4 똑같이 둥근 달과 자라지만 하늘에서 빛나는 달과 진흙탕에서 사는 자라와는 천양지차라는 일본의 속담

한다. 행동이나 계통에 의한 형태 차이는 종을 판별할 수 있게 해준다.

매의 먹이 찌꺼기에 포함된 뼈에서 식사 메뉴를 알아내 보전해야 할 사냥 장소를 결정한다. 유적에서 출토된 뼈를 통해 고대인의 수렵 생활을 해명한다. 골격의 형태 비교가 진화의 경로를 비춰준다. 골격 표본은 지극히 유능한 수단인 것이다.

덧붙여 달의 직경은 약 3,500킬로미터, 일본자라는 아무리 커도 직경 40센티미터. 그 대략 900만 배의 차이는 좀 심한 비유일지 모른다. 여기에서는 겸허하게 정정하여, 달과 가니메데스Ganymedes〔목성의 제3위성. 태양계 위성 중에서 가장 무겁고, 질량은 달의 2.1배〕정도의 차이라고 해두자.

그런데 표본 수집이라 해도 나무에 뼈가 과일처럼 주렁주렁 매달려 있는 것은 아니다. 사체를 구해 뼈를 끄집어내야만 한다. 우선은 세 친구와 함께 철도 노선을 따라 새의 사체를 찾으러 갔지만 좀처럼 발견할 수 없었다.

자연계에서는 매일 수많은 사체가 생산되는데, 그 대부분이 순식간에 소멸해버리는 것이다. 여우가 개똥지빠귀를 공격하면 사체가 생기지만 다음 순간에는 위 속에 들어가고 만다. 쇠약하여, 또는 사고로 죽은 새도 너구리나 까마귀가 재빨리 찾아낼 것이다. 생태계 안에서 사체는 쓸모없는 폐기물이 아니라 더할 나위 없이 중요한 자원인 것이다.

인간이 만나는 사체는 극히 일부다. 이 때문에 사체의 수집에는 많은 친구들이 협조해주고 있다. 이 자리를 빌려 고맙다는 말을 하고 싶다.

사체가 손에 들어오면 마침내 연구실 안에서 가내수공업으로 표본을 만든다. 먼저 기생충을 없애기 위해 일단 냉동한다. 사인을 추정하고 외부 형태를 계측한다. 깃털이나 내장은 별도로 보관하고, 근육의 일부는 DNA 분석을 위해 잘 간수해둔다.

DNA 분석에는 성냥개비 끝부분 정도의 시료만 있으면 충분하다. 흠, 쫄깃한 근육이 너무 많이 남았는데. 의심할 여지없는 사고사일 경우에는 잘 굽기만 하면 위험하지 않다. 버리는 것보다 공양하여 폐기물을 줄이는 환경 친화적 방법도 있을지 모르겠는걸.

흠흠, 이제부터는 비밀이다.

뼈에 달라붙은 근육이나 힘줄의 제거에는 단백질 분해효소를 사용한다. 나는 식품첨가물로 시판되고 있는 효소를 이용한다. 값이 싸고, 육질이 단단한 고기라도 희한하게 한 단계 위의 부드러운 고기로 변신시켜주는 우수한 것이다. 연부조직이 제거된 뼈를 에탄올로 탈지하고, 과산화수소수로 표백하면 완성된다.

파나소닉 같은 곳에서 전자동 표본 제작기가 시판되지 않을까 기다리는 동안 몇천 개체의 표본을 얻었다. 일본의 토양은 산성이기 때문에 아무리 딱딱한 뼈라고는 하지만 자연에 방치되어 있으면 언젠가는 분해되고 만다. 하지만 내게 들어온 행운아들은 그 아름다운 형태를 반영구적으로 유지할 수 있다. 뼈의 정령들은 자연과학에 공헌할 수 있다는 기쁨으로 가득 차, 천진난만한 미소를 지으며 표본 창고에 그 몸을 바치는 것이다.

일상의 잡무 사이에 표본실 의자에 깊이 몸을 파묻고 뼈의 정령과 장난치는 시간은 나의 작은 안식이다.

목적은 결과에 따라온다

슬슬 솔직하게 말하자. 바이크와 골격 표본을 사랑하는 이유를 구구절절하게 썼지만 이들 이유는 모두 부록 같은 것이다.

이과 연구자의 나쁜 버릇이다. 모든 행동에 타당한 이유를 갖다 붙이고 싶은 것이다. 이유가 없으면 불안해지고 스트레스가 쌓여 경범죄에 손을 대고 싶어진다. 사회의 질서를 지키기 위해서라도 행동에는 논리적인 이유가 필요한 것이다.

바이크를 타는 것은 단순히 바이크가 좋아서이다. 그러니까, 멋지지 않은가. 골격 표본을 모으는 것은 관광지에 놓여 있는 스탬프를 누가 빨리 찍는지 경쟁하는 스탬프 랠리와 다르지 않다. 그게, 다 모으면 기쁘잖아요. 하지만 그런 감정적인 이유만으로는 만족할 수 없고 불안하며 불편하다. 그래서 자신의 행동에 정당한 이유를 구축하고 안도하는 것이다.

그렇다고 해서 이 행위는 나쁜 것도 아니고, 불성실해서도 안 된다.

조류학자로서의 내 일은 자연계에 묻혀 있는 진리를 발견하는 것이다. 그것은 미지의 사물이나 현상과의 만남이다. 아직 설명할 수 없는 사실과 마주하고 요인을 추정하여 메커니즘을 해석하는 것이야말로 자연과학자의 책무이다. 즉 내 부록 같은 행위는 그야말로 과학자로서의 행동인 것이다. 대상이 자연계에 있는지, 나의 내면에 있는지 그 차이일 뿐이다.

아차, 부록으로 이유를 생각한 것에 대해 말하려다 부록으로 이유를 생각하고 말았다. 역시 이과의 나쁜 버릇이다. 왜 그렇게 되었는지, 거기에도 물론 이유는 있다. 그것은 그러니까….

#2

그건 먹어서는
안 된다

염소가 먼저인가,
곰쥐가 먼저인가

염소의 선물

의류업계는 사람들이 무엇을 원하는지 모른다. 자외선 차단 셔
츠 같은 게 왜 필요하단 말인가.

야외 생태학자의 여름은 햇볕에 대한 고민과 함께 시작된다. 내
조사지는 대개 불볕이 쏟아지는 초원이다. 열심히 일할수록 햇볕
에 그을리고 만다. 물론 하얀 피부에 대한 집착 때문에 고민하는
게 아니며, 와일드하게 그을려 인기를 끄는 것은 나쁘지 않다. 문
제는 팔과 얼굴만 그을리고 배는 여전히 하얗다는 점이다. 그렇다,

흔히 말하는 노가다 선탠이다.

여름은 바다의 계절이다. 하지만 몸에 티셔츠의 각인을 그대로 새긴 채 수영복을 입으면 너무나 빈티 나서 한여름의 불장난은 꿈속의 꿈이다. 유니클로나 시마무라가 서민의 편이라면 옷을 입고도 자연스럽게 그을릴 수 있는 자외선 통과 셔츠를 만들어야할 것이다. 같은 고민을 가진 동지들이 즉시 완판시켜줄 것임을 보장한다.

하지만 안타깝게도 섬유 회사의 태만으로 아직 신소재 개발에 성공하지 못했다. 달에도 간 인류의 과학력도 조물주의 힘에는 미치지 못하는 모양이다. 어쩔 수 없이 조사 때면 빈번히 상체만 벌거숭이가 되어 이 곤경을 극복하기로 했다. 돌을 뚫는 물방울이 모여 언젠가는 강을 이룬다. 지루한 기초 연구의 진수에 몸담은 연구자의 표본이라 할 만하다.

공동연구자의 싸늘한 시선을 견디며 장밋빛 해변으로 가서 이를 악물거나 티셔츠를 벗었다. 웃고 싶으면 웃어도 된다. 언젠가 당신들의 어중간한 선탠을 내려다보며 와일드한 선탠을 갖추고 의기양양하게 돌아오리라.

애당초 나는 불지옥에 있을 인간이 아닌 것이다. 나는 '삼림'종합연구소의 연구원이다. 숲속은 여름에도 시원하고, 피톤치드로 마음은 차분해진다. 작은 새의 지저귐에 귀를 기울이며 숲속 아가씨들과 노는 것이 꿈이었다. 그런 내가 불 초원에 있게 된 이유는 이곳이 원래 삼림이었기 때문이다.

여기는 무코지마 열도의 나코도지마이다. 사위 섬 열도의 중매쟁이 섬이라는 뜻이면서도 한자를 다르게 쓴 이유는 오가사와라 7대 불가사의 중 하나다.[5] 메이지 시대(1868–1912)의 문헌에 따르면 당시 이 섬은 숲으로 덮여 있었지만 현재는 초원으로 바뀌었다. 이런 섬이 된 것은 외래종인 염소의 영향이다.

오가사와라 제도는 포경 기지로서 1830년부터 유럽과 미국, 캐나다 사람들이 들어와 살기 시작했다. 포경 기지의 역할은 물과 식량을 배에 보급하는 일이다. 섬에서 고기를 생산하려면 염소를 방목하는 것이 제일 빠르다. 염소는 풀은 물론이고 나무껍질까지 벗겨 먹고, 어떤 암벽이든 가볍게 뛰어다니며 람보 못지않은 서바이벌 생활을 한다. 그 능력이 전 세계 뱃사람들로부터 사랑을 받아 오가사와라에서도 적극적으로 방목한 것이다. 페리Matthew Calbraith Perry[6]의 항해기에 따르면 그 역시 1853년에 오가사와라를 방문했을 때 염소를 방목했다고 한다.

오가사와라는 1876년에 일본의 영토로 선언되고, 일본인의 이주가 시작되었다. 일본 통치하에서도 염소 방목은 계속되어, 무인도를 포함한 17개 섬에서 야생화되었다. 왕성한 생존 능력을 자랑

❖ ❖ ❖ ❖

5 '무코지마'의 '무코'는 '사위'라는 뜻이지만 일반적인 표기 '胥'를 쓰지 않고 '聟'를, '나코도지마'의 '나코도'는 '중매쟁이'라는 뜻이지만 일반적인 표기 '仲人'을 쓰지 않고 '媒'를 씀
6 1794–1858, 1853년 동인도 함대 사령관 시절 군함 4척을 이끌고 일본의 우라가에 입항하여 개국 통상을 강요한 미국 군인

하는 염소가 먹었던 것은 친구 염소에게 받은 편지는 아니었다. 고유종을 포함한 식물을 가차 없이 먹어치워 숲은 초원으로 변했고, 초원은 벌거숭이가 되었다.

바다로 격리된 오가사와라에는 초식을 하는 지상성 포유류가 자연분포하지 않는다. 초식동물이 많은 지역에서 진화한 식물은 독이나 가시, 탁월한 재생 능력 등 어떻게든 방어 능력을 갖춘다. 그렇지 않으면 빠르게 멸종되어버리기 때문이다. 겉모습만 보면 걸을 것도 같고 소리칠 것도 같은 만드라고라Mandragora〔가짓과의 초본. 마취성이 있으며, 유독함. 뿌리는 최면제로 씀〕 같은 식물은 방어 진화의 엘리트이다. 하지만 초식동물 없이 진화한 섬의 식물들은 너무나 무방비해서, 오른쪽 나뭇가지를 먹히면 왼쪽 나뭇가지를 내밀어 서서히 멸종의 심연 속으로 빠져 들어갔다.

숲이 사라지면 거기에 사는 새나 곤충 등도 사라진다. 식물이 사라지면 토양은 바다로 쓸려 나가고 산호가 파묻혀 사멸한다. 토양을 잃은 대지는 암반을 드러내 식물이 정착할 기반을 잃는다. 오랜 시간에 걸쳐 구축된 생태계는 수백만 년의 후퇴를 할 수밖에 없다.

유인도에서는 경제적인 피해도 있다. 염소는 농작물을 먹어치우고, 울타리를 부수며, 마당의 꽃을 망가뜨린다. 내륙에서는 벌초를 대신하여 녹지에 풀어놓고, 왠지 친환경적인 듯 귀여워해주니까 여성에게 바싹 접근하기도 하는 모양이지만, 안타깝게도 섬에서는 그냥 간과할 수 없는 충격을 가하는 것이다.

시대와 함께 가치관이 변해 뱃사람들에게 사랑받던 염소는 생태계에 원수 같은 존재가 되었다. 물론 염소에게 잘못이 있는 것은 아니다. 그들은 인간의 편의에 따라 귀여움을 받았고, 인간의 편의에 따라 입장이 바뀌었을 뿐이다. 하지만 그대로 두었다가는 섬의 독특한 생태계와 그것을 키운 수백만 년의 진화의 역사를 잃게 된다. 알프스 소녀 하이디와 목동 피터에게는 미안하지만, 오가사와라에서는 1970년 무렵부터 염소 구제를 실시하게 되었다.

생태계 보전이라고 하면 듣기에는 좋지만 현실은 대형 포유동물을 죽이는 행위이다. 여기에 저항감을 느끼는 사람도 있을 것이다. 실제로 구제 사업에 대해 강하게 반대하는 의견도 나왔다. 하지만 방치하는 것은 쉽지만 눈앞에서 진화의 역사성이 사라져가는 것을 간과할 수는 없다. 아무것도 하지 않는다고 현상 유지가 되는 게 아닌 것이다. 연구자는 도살을 추천했고, 담당자는 말 그대로 피와 땀 범벅이 되었다. 환경 보전이라는 아름다운 말 이면에 있는 잔인한 현실을 잊어서는 안 될 것이다.

염소가 불면 쥐가 돈을 번다[7]

수천 마리에 이르는 염소를 구제하기란 쉬운 일이 아니다. 하지만 노력한 보람이 있어서 현재는 오가사와라 전체 무인도에서 그

◈ • ◈

7 '바람이 불면 통장수가 돈을 번다'는 속담에서 차용한 말

모습을 감춰 유인도인 치치지마에만 남게 되었다.

염소가 사라진 섬에서는 식물이 회복 조짐을 보였다. 당연하다면 당연한 결과이다. 도라에몽을 구제하면 도라야키가 넘치고, 재채기 대마왕을 구제하면 햄버거가 다음 세대까지 번창한다.[8] 염소 제국에서는 모습을 감추었던 작살나무와 오하마도라지 같은 고유 식물이 섬 여기저기에서 나타났다. 시간은 걸릴지 모르겠지만 상처가 복구되기를 기대한다.

효과는 조류에도 보였다. 2003년까지 염소가 근절된 무코지마 열도에서는 검은발신천옹과 얼가니새 같은 바닷새가 계속 증가, 다른 열도까지 번식지를 확대할 정도가 되었다. 지상에 둥지를 튼 바닷새에게는 장소를 불문하고 돌아다니는 염소의 존재가 큰 위협이 되었을 것이다.

하지만 기뻐하고만 있을 수 없는 현실이 눈앞에 닥쳐왔다. 염소의 구제가 기대 이상의 효과를 발휘하고 만 것이다. 그것은 외래 식물의 급격한 증가였다.

염소는 재래 식물만을 좋아하는 국수주의자가 아니다. 좋고 싫고를 떠나 외래 식물도 먹는 우등생이었던 것이다. 염소는 판도라의 상자를 여는 열쇠였던 것이다.

오스트레일리아가 원산지인 목마황이나 중남미가 원산지인 은

◆◆◆◆

8 도라에몽이 제일 좋아하는 음식이 도라야키이고, 재채기 대마왕은 햄버거이다

자귀나무가 짧은 시간 안에 분포를 확대했다. 특히 목마황은 염소가 사라진 초지에서 고작 10년 만에 숲을 형성했다. 이 외래 나무는 막대한 양의 낙엽을 땅바닥에 떨어뜨려서 때로는 10센티미터 두께의 양탄자를 이룬다. 재래 식물의 씨앗은 손발이 긴 양탄자에 가로막혀 지면까지 도달하지도 못한다.

은자귀나무는 콩과의 식물로, 미모신이라는 화학물질로 다른 종의 생육을 방해한다. 이러한 작용을 알렐로파시allelopathy〔타감 작용〕라고 부른다. 덕분에 온통 은자귀나무밖에 없는 불모의 숲이 생겨난다. 미모신에는 탈모 작용도 있어서 대머리가 되고 싶지 않으면 먹어서는 안 된다.

이 밖에도 용수나무나 산뽕나무, 섬백일홍 등 초식동물로부터 해방된 다양한 외래 식물들이 판도라의 상자에서 흘러넘쳤다. 그들의 침공은 재래 식물의 회복 속도를 훨씬 능가하여 오늘도 영토 확대에 애쓰고 있다.

염소의 저주에서 풀린 것은 식물뿐만이 아닐지도 모른다. 외래종인 곰쥐도 증가하고 있는 게 아닐까 의심된다. 물론 염소가 샐러드와 함께 쥐를 먹은 것은 아니다. 괘종시계 뒤에서 새하얀 수염을 피로 물들인 새끼 염소가 나온다면 아무리 늑대라 해도 신변의 위협을 느낄 것이다.

곰쥐에게 있어서 식물이 증가한 것은 먹이와 생식 장소의 풍요를 의미한다. 경쟁자의 생각지도 못했던 탈락에 의해 쥐들은 어부지리로 풍부한 자원을 손에 넣었다. 그리고 염소 대신 식물의 종자를 먹고 나뭇가지를 부러뜨려 껍질을 뜯어 먹기 시작한 것이다.

현실적인 대과학 실험

그럼 염소를 구제한 것은 실패였을까? 만약 염소를 구제하지 않았다면 재래 식물은 모습을 감추고 역시 황폐한 대지만이 남았을 것이다. 구제 자체는 역시 꼭 필요한 행위였다.

반성한다면 분포 확대가 예상되는 다른 외래종을 염소 구제 전에 구제하지 못한 점이다. 그렇게 했더라면 생태계에 대한 영향을 최소한으로 막을 수 있었을지도 모른다.

외래종이 여럿인 경우에는 다른 쪽에서 영향을 받는 종을 먼저 구제하는 것이 원칙이다. 먹는 종과 먹히는 종이 있으면, 후자를 먼저 구제하는 편이 효율적이다. 요리의 레시피든, 생태계 보전 사업이든 순서가 중요한 것이다. 돼지고기 조림에 콜라를 넣으면 쉽게 알 수 없지만 콜라에 돼지고기 조림을 넣으면 골탕 먹이는 꼴밖에 안 되는 것과 같은 이치다. 아니, 미묘하게 같을지도 모르지만 아무튼 순서가 중요하다.

하지만 이것은 말처럼 간단한 게 아니다. 어쨌거나 염소가 바로 앞에서 돌아다닐 때 그 영향 아래 있던 외래 식물은 얌전했다. 노골적으로 큰 문제를 발생시키고 있는 염소에 대한 대처는 나중으로 미루고, 아직 문제를 일으키고 있지 않은 다른 대상을 억제했어야만 하는 것이다. 게다가 거기에 투입된 것은 피 같은 세금이다.

이것을 실현하려면 상당한 근거와 각오가 필요하다.

내가 햇볕에 그을려가며 고생한 나코도지마는 오가사와라 안에서 염소의 영향이 가장 컸던 섬이다. 염소 구제로부터 15년 이상이 지났지만 벌거숭이가 된 섬에서의 토양 유출은 아직 멈추지 않았고, 외래 식물도 여전히 증가하고 있다.

그래도 염소를 구제한 덕분에 섬 중앙에는 미미하지만 재래 삼림이 모습을 드러냈고, 바닷새의 번식 분포도 회복되고 있다. 지금 필요한 것은 과거를 후회하는 게 아니라 구제 후의 생태계 변화를 상세하게 기록하고 미래를 예측하는 일이다. 경험을 활용할 수 있으면 장래의 구제 방법은 단단한 각오를 가지고 개선해나가야 한다. 내가 티셔츠에 욕을 하면서도 바닷새의 분포를 조사하는 것도 그를 위한 초석이다.

조사와 함께 상남자 상체 나체 계획도 순조롭게 진행되어 어지간히 잘 그을렸으리라. 배를 타고 유인도로 돌아와 샤워를 하고 거울을 보았다. 거기에는 예상치 못했던 결과가 이빨을 드러내고 있었다.

이게 뭐야. 해에 그을린 경계선이 배꼽 위에 있는 것이다!

어쩌면 중대한 계산 착오를 한 듯했다. 조사용 바지는 실용성을 중시하여 가랑이부터 위쪽이 길었고, 소중한 배꼽을 도깨비에게 빼앗기지 않도록 보호해주었던 것이다. 하지만 해변용 바지는 배꼽을 보호하지 않는다. 이 육지와 바다 차이에 의해 그을린 피부와 수영복 사이에 무방비한 하얀 줄이 생기고 말았다. 뭐야, 노가다 선탠보다 훨씬 더 창피하잖아!

이렇게 해서 계획은 복부에 절대 영역을 새기는 무참한 결과를 맞이했다.

무슨 일이든 해보지 않으면 모른다. 나는 대과학 실험의 진수를 곱씹고 실패를 통해 배우며 여름에 작별을 고했던 것이다.

#3

빨간 머리의 비밀

빨간머리흑비둘기
(흑백 버전)

우선은 친구부터 시작하자

오가사와라 제도에는 '빨간구구'라는 새가 있다. 이것은 2008년에 붙은 애칭으로, 본명은 빨간머리흑비둘기라고 한다. 까매서 까마귀인지 비둘기인지 혼란을 부르는 이름이지만, 그 실체는 칠흑같은 몸과 무지개 색으로 빛나는 머리를 가진 아름다운 비둘기다.

이 새에 애칭이 주어진 데는 이유가 있다. 이들은 오가사와라 제도에만 있는데도 섬 주민과는 그다지 친밀하지 않은 것이다. 설명적인 본명으로는 사랑받기 쉽지 않아서 친숙해질 수 있는 별명이 주어진 것이다.

이 새가 그다지 친밀하지 못한 것에도 이유가 있다. 개체 수가 적고 거의 눈에 띄지 않는 존재였던 것이다. 2002년의 환경성 레드데이터북red data book〔적색자료목록. 이 책에 실린 멸종 위기 생물의 리스트를 레드리스트라고 함〕에는 총수가 30~40마리라고 적혀 있었다. 이 자료 또한 과소평가한 것 같은데, 그래도 100마리 내외였을 가능성이 있다. 만나러 갈 수 있는 아이돌이라면 충분한 수이지만, 그들은 좀처럼 만나러 갈 수 없는 환상의 새였던 것이다.

이대로 가면 머지않아 멸종된다. 위기감과 초조함은 나날이 높아졌다. 마침 2008년 1월, 사태를 해결하기 위해 지역 비영리 단체가 중심이 되어 이 새의 보전을 추진하기 위한 국제 워크숍을 개최했다.

이것은 형식적인 이벤트가 아니었다. 이 지역의 섬 주민, 국내외 연구자, 정부·도·촌의 행정 관계자, 수의사와 동물원 스태프 등 총 120명이 치치지마의 체육관에 모두 모여 3일 동안 진지한 논의를 거듭했던 것이다.

'손님'은 전혀 없이, 모두가 주인 의식을 가진 합의 형성〈배틀 로얄Battle Royale〉[9]이었다. 주부도, 공무원도, 대학교수도 대등한 입장에서 직접 의견을 개진하는 모습은 그야말로 프라이팬 위의 간

◆◆◆◆

9 1999년 출간된 다카미 고슌의 동명소설을 원작으로 한, 무인도에 납치된 중학생들이 벌이는 생존게임을 그린 일본 영화

부추볶음 같았다.

현재 상태는, 과제는, 대책은, 하고 진지한 의견이 오갔고, 토론은 뜨거웠다. 내 역할은 토론을 이끄는 퍼실리테이터facilitator[10]였다.

행정적인 회의에서는 결론을 나중으로 미루는 일이 드물지 않다. 예상 밖의 제안이 나와도 그 자리에서 체제나 예산의 확보를 약속할 수 없기 때문에, 가지고 돌아가서 검토하는 것도 어쩔 수 없는 일인 것이다. 하지만 이 워크숍에서는 나중으로 미루는 것은 허용되지 않았다. 대책이 제안되면 그 자리에서 담당자가 결정되고, 실행 기한을 정하며, 책임을 부담했던 것이다.

약간 무서운 시스템이었지만 멸종 직전의 생물을 진심으로 구하려고 하면 그 정도의 각오가 필요한 것이다. 각오란, 어둠 속의 황야로 나아가기 위해 길을 개척하는 일이다. 물론 거기에는 강제력도, 페널티도 없다. 존재하는 것은 참가자의 기개뿐이다. 어이쿠야, 하고 한숨을 내쉬면서도 벼랑 끝의 국면을 타개하기 위해 착실한 한 걸음을 내딛어 가는 것이다.

각자가 가진 정보가 집약되어 컴퓨터로 시뮬레이션 모델을 돌렸다. 먹이의 부족, 삼림 환경의 악화, 운동 부족, 생태 정보의 결여, 중년 비만, 보급 계발의 미숙 등 다양한 문제점이 부각되었다.

❖ ❖ ❖ ❖

10 회의 또는 워크숍과 같이 여러 사람이 일정한 목적을 가지고 함께 일을 할 때, 효과적으로 그 목적을 달성하도록 일의 과정을 설계하고 참여를 유도하여, 질 높은 결과물을 만들어 내도록 도움을 주는 사람

기탄없는 토론은 정해진 시간을 넘겨가면서까지 계속됐고, 내친 김에 알코올음료를 들고 해안 공원으로 갔다. 입장은 달랐지만 바라보는 목표 지점은 모두 같아서 장벽을 걷어낸 토론은 새벽 2시까지 뜨겁게 이어졌다. 그렇지만 워크숍은 이제 막 시작되었다. 조금 쉬어두지 않으면 다음 날의 토론에 영향을 미친다. 눈빛 깊은 곳에서 타오르는 불꽃을 간직한 채 공원을 나왔다.

그때 갑자기 몸이 공중에 붕 뜨는 느낌이 들더니 강 저편에서 할머니가 손짓을 했고, 머리에 램프를 올리고 달려가는 백마가 시야에 들어왔다.

호오, 이것이 주마등走馬燈이라는 건가.

"턱부터 착지하는 순간 두 귀에서 피가 솟구쳤어요. 틀림없이 죽었구나 생각했다고요."

훗날 동료가 이렇게 증언했다.

해롱해롱 취한 나는 공원 입구에 쳐놓은 체인에 발이 걸려 땅의 신 가이아에게 이 몸을 바쳤던 것이다. 완전히 취했지만 각성한 좌뇌가 피가 나오면 헌혈이라도 하러 가야 한다고 우뇌에게 말해 나의 턱은 열 바늘 봉합이라는 훈장을 받았다. 아울러 할머니가 살아 계시다는 것도 떠올랐다.

유혈과 함께 알코올도 흘러나왔는지, 숙취가 없었던 것은 불행 중 다행이었다. 불명예스러운 부상자가 발생해도 워크숍은 중단되지 않는다. 턱 관절을 다친 나는 입을 벌리지 않고 말하는 기술을 터득해, 공원 체인에 '복화술사 양성 체인'이라고 이름 붙여주었다. 여전히 귀에서 흐르는 혈액은 심장처럼 펄떡펄떡 뛰었고, 토론의 열기는 모두 태워 재로 만들 만큼 뜨거웠다.

수많은 과제 중 참가자의 모든 뜻을 모아 선택된 최우선 사항은 산에 생식하는 들고양이 대책이었다.

산에는 많은 고양이가 있다. 물론 인간이 가지고 들어온 외래 생물이다. 그 포식자를 비둘기의 최대 위협으로 본 것이다. 고양이를 기르는 사람도 여럿 참가한 가운데 이루어진 이런 합의는 섬 자연을 지키려는 섬 주민들의 진심의 표출이었다.

'술을 마시더라도 술에게 먹히지는 마라.'

벽에 붙은 금언을 바라보며 쏜살같이 3일이 지났다. 마무리는 애칭의 결정이었다. 본 적도 없는 새를 지키려면 무엇보다 먼저 대상에 대한 애착을 키울 필요가 있다. '빨간구구'야말로 투표의 결과로 선택된 인장이다. 새로운 애칭과 각자의 책임을 가슴에 담고 참가자들은 다음 행동으로 걸음을 옮겼고, 나는 진료소로 한 걸음 내딛었다.

다음은 숙적과 손을 잡자

기초적인 생태 연구가 진행되었다. 생식 환경을 개선하는 외래 식물 구제 사업이 실시되었다. 동물원에서는 사육 기술이 확립되었고, 손수 만든 의상을 걸친 빨간구구맨이 마을 여기저기에 출몰했다. 내 턱의 상처가 치유됨에 따라 행동 계획이 착실히 실시되어갔다.

물론 가장 중요한 고양이 대책도 진행되었다. 길이 없는 숲 깊은 곳까지 영역을 넓힌 고양이에 대한 대책은 쉬운 일이 아니었다. 또한 설령 산에서는 제거가 가능하다 해도 마을에서 키우는 고양이 관리가 허술하면 그때부터 재생산이 발생한다. 마을에서 산까지 통합 관리가 필수적이었다.

고양이 포획 정예부대가 결성되어 무거운 금속제 고양이틀을 메고 매일 산속까지 돌아다녔다. 마을에서 키우는 고양이는 수의사의 협력으로 불임 시술을 했고, 식별을 위해 마이크로칩 등록을 진행했다.

외래 동물의 구제 사업에서는 일반적으로 대상 동물을 살처분하는 경우가 많다. 고양이도 포함하여 포획한 외래 동물을 계속 사육하는 것은 현실적으로 어렵기 때문에 이는 세계 표준인 방법이다. 하지만 고양이는 빨간구구보다 훨씬 더 사랑받는다. 고양이 동영상을 보면 마음이 힐링되어 일의 능률이 향상된다는 논문도 있다. 특히 일본에서는 사회적인 역풍이 발생할 수도 있었고, 경우에 따라서는 그에 의해 구제 작업의 진척이 방해받을 가능성도 있었다. 무엇보다 죽이지 않고 작업을 진행할 수 있으면 그보다 좋은 일은 없다.

그런 배경 속에서, 오가사와라에서 포획한 고양이는 오가사와라 해운의 협조를 받아 내륙으로 보내졌고, 도쿄도수의사협회의 협력으로 일반인에게 분양해주는 체제가 마련되었다. 많은 관계자의 협력으로 고양이를 죽이지 않고 제거하는 시스템이 만들어진 것이다. 간단히 몇 줄로 정리했지만 여기까지 이르는 과정이 얼마나 험난했을지 생각해주었으면 한다.

왜 쥐는 일반 가정에서도 죽이는데 고양이는 문제가 되는 것일까? 미키나 젤리는 괜찮고, 도라에몽이나 키티는 안 되는 것일까? 의문은 끝이 없을 테지만 인간 사회에 편입된 고양이라는 동물에 대한 대응은 만만치 않다는 것만은 명심하기 바란다.

워크숍을 한 지 5년 정도가 지나고, 나도 입을 크게 벌려 막대과자를 먹을 수 있게 되었을 무렵, 치치지마의 산속에서는 고양이가 자취를 감추었고 빨간구구는 눈에 띄게 늘어나기 시작했다. 물론 늘어난 것은 흰머리도 중성지방도 아닌, 개체 수이다.

어느샌가 그들은 마을에도 출현하게 되어 많은 섬 주민의 눈에 띄기 시작했다. 환상의 새가 현실 세계로 다시 날아온 것이다. 의약품 광고에 출연하는 것도 꿈만은 아닐 정도의 회복력이었다. 이와 함께 교통사고나 유리창 충돌 같은 폐해도 발생했다. 하지만 이것 또한 개체 수가 늘어난 증거이다.

'나는 본 적 있는데' 하는 작은 우월감이 사라지고 난 후의 쓸쓸함을 느끼며 첫 단계는 무사히 해결되었다. 마음만 먹으면 생물의 멸종은 저지할 수 있다는 것을 관계자 모두가 실감했다.

빨강은 피의 색깔, 검정은 죄의 색깔

아무튼 그 이름대로 빨간머리흑비둘기의 머리는 빨갛다. 그럼 왜 빨갈까 하는 의문은 지극히 당연한 것이다.

빨강이라고 하면 〈기동전사 건담〉의 붉은 혜성, 샤아 아즈나블의 전매특허이다. 그는 빨갛게 칠한 전용 모빌슈트를 몰며 전 우주의 빨간 상징적 존재가 되었다. 그 기체를 본 아군은 사기가 올라가고 적은 자신의 불운을 저주하며 우주의 미아가 된다. 샤아에게 경의를 표하며, 이제부터 빨간 머리의 수수께끼를 풀어보고자 한다.

빨간 모빌슈트는 그의 상징이며, 자쿠, 즈고쿠, 겔구그 같은 빨간 전용기를 이어서 탄다. 그런데도 건담과 마지막 사투를 벌이는 지온구만 회색이라는 점은 많은 청소년의 마음에 의문을 남겼다. 여기에 힌트가 있을 것 같다.

자쿠 등과 지온구에는 큰 차이가 있다. 전자는 어쨌거나 양산하는 주문 모델에 불과하지만 지온구는 하나밖에 없는 시제품이라는 것이다.

빨간 칠은 외형이 비슷한 양산 모델과의 차별화에 다름 아니다. 이에 반해 지온구의 경우는 유사 모델이 없으므로 색깔에 의한 차별화를 꾀하지 않더라도 충분히 식별이 가능하다. 빨강이 식별을 위한 신호임은 명백하다.

여기에서 오가사와라로 시선을 돌리면, 오가사와라흑비둘기라는 다른 흑비둘기의 분포 기록이 있다는 것을 깨달았다. 이 새는 빨간구구와 가까운, 역시 온몸이 까만 비둘기였다. 이것이 말하자면 양산형 자쿠이다.

새의 외형은 버드워처birdwatcher[11]가 식별하기 쉽도록 진화한 것이 아니다. 새들이 서로 동종인지 아닌지 분간할 필요가 있었던 것이다. 그렇지 않으면 잡종이 태어나게 되고, 결국 불리하게 된다. 이 때문에 같은 지역에 형태가 비슷한 종이 있을 경우, 서로를 식별하는 특징이 진화하기 쉽다. 빨간구구의 머리가 빨간 것은 오가사와라흑비둘기와 형태적인 차별화를 위해 진화한 결과라고 생각된다. 참으로 합리적이다.

이러한 사례는 빨간구구뿐만이 아니다. 오키나와에는 빨간머리파란비둘기(학명은 Treron formosae, 우리나라에는 '휘파람녹색비둘기'라는 정식 명칭이 있음)라는, 정말 머리가 빨갈 것 같은 비둘기가 있다. 이 새에게는 놀랄 만한 특징이 있다. 무엇인고 하니, 머리가 빨갛지 않은 것이다. 부당 표시로 경품표시법 위반에 걸릴 것 같은 명칭이지만, 대만에 있는 집단에서는 머리가 빨간 것이 유명하다.

대만에는 빨간머리파란비둘기와 흡사한 파란비둘기라는 새가 있다. 하지만 오키나와에는 파란비둘기가 없다. 파란비둘기가 있는 장소에서만 빨간 머리가 된다는 사실은 앞에서 말한 샤아의 자쿠 가설과 일치한다.

사실 오가사와라흑비둘기는 19세기에 멸종되어 정말 환상이 되어버린 새다. 아마도 고양이나 쥐 같은 외래 포식자의 영향 때문일

◆◆◆◆

11 새 관찰을 즐기는 사람. 버더라고도 하는데, 전문적인 학자보다는 비전문적인 아마추어를 지칭

것이다. 하지만 이 멸종된 새가 없었다면 빨간구구는 그냥 머리가 까만 흑비둘기였을지 모른다.

빨간구구를 지키는 일은 가까운 멸종 조류가 확실히 존재했다는 증거를 지키는 일이기도 하다. 빨간 머리는 환경과 다른 종의 영향 속에서 오랜 시간 진화되어 이루어진 유일무이한 재산임을 가르쳐주고 있는 것이다.

#4

복족류의
대모험

**직박구리와
복족류**

성스러운, 미움받는 자의 활약

여러분은 똥과 오줌, 어느 것을 더 좋아할까? 둘 다 버리기 아깝지만 내 경우는 똥이다. 분명 여러분도 좋아할 것이다. 아니, 상상하는 것만으로도 가슴이 두근거린다.

아니, 오해하지 않으면 좋겠다. 변태는 아니니까 도망치지 말아주시길. 제발 이야기 좀 들어주시길. 순수하게 연구 관련 이야기다.

새 연구는 관찰에 의한 부분이 크다. 어떤 종이 있었는가. 무엇을 먹었는가. 홍팀 투표자가 몇 명이었는가. 망원경을 목에 걸고 새의 모습을 찾다가 관찰 결과를 기록한다. 최근에는 가볍고 성능 좋은 디지털카메라가 값싸게 보급되어 있지만 모든 행동을 사진이나 영상으로 남기는 것은 현실적이지 않으며, 눈으로 보는 관찰이 주류 조사 방법이다.

하지만 안타깝게도 관찰 결과는 나중에 확인할 수 없다. 오늘 아침에 본 개똥지빠귀가 먹던 것이 과연 이무기였는지, 쓰치노코였는지 잠들기 전 침대 속에서 아무리 끙끙대봤자 관찰 내용은 재현할 수 없다. 관찰이란, 목욕탕의 피어오르는 김 너머로 훤히 보이는 갓파 누님 같은, 아련한 존재인 것이다.

그런 관찰에 비해 똥은 정말 매력적인 샘플이다. 어쨌거나 눈앞에 실재하는 대상이 있고, 후세에 그 증거를 남기는 것이다. 똥의 내용물을 분석하면 틀림없이 그 새가 먹은 것을 알 수 있다. 애매하면 나중에 검증할 수도 있다. 연적戀敵이 이뤄낸 결과를 시기하여 별것 아닌 사소한 실수를 백일하에 드러냄으로써 명성에 흠집을 낼 수도 있고, 그럼으로써 그의 여자친구를 가로챌 수도 있다.

단순히 육안으로 음식물을 알기만 하는 것은 아니다. DNA를 추출하면 분쇄된 음식물의 정체도 밝힐 수 있다. 똥에는 소화기관의 내벽에서 유래한 DNA도 포함되어 있어서 그 주인의 정체와 성별도 특정할 수 있다. 똥 안의 화학성분을 분석하면 똥이 토양에 어떤 영양분을 공급하는지도 안다. 닭똥으로 대표되듯 새의 똥은 식물에게는 좋은 비료가 되는 것이다. 똥에서 신종 기생충이 발견되는 경우도 있다. 몇 년 전에는 홋카이도의 에조사슴의 똥에서 자란

버섯이 신종으로 기재되어 세상을 떠들썩하게 만든 일도 있다.

그렇다, 똥은 지극히 매력적인 연구 대상인 것이다.

차가운 눈으로 보지 마

하지만 안타깝게도 새의 똥은 세상의 오해를 사고 있다. 연구적 의의뿐만 아니라 애당초 똥의 무엇인가가 오해를 받고 있다.

차 위에 하얀 유액 상태의 것이 들러붙어 있을 때 미인 운전사는 이렇게 한탄할 것이다.

"아이, 싫어, 새똥!"

대사가 약간 사자에 씨[12] 말투지만 문제는 그게 아니다. 그녀가 기분 나빠한 하얀 것은 똥이 아닌 오줌인 것이다.

새의 배설물에는 하얀 부분과 검은 부분이 있다. 흰색 부분이 오줌이고 검은색 부분이 똥이다. 둘 다 어차피 배설물이라고 해서 욕하면 안 된다. 똥과 오줌의 생성 과정에는 갓파와 익사체만큼의 차이가 있는 것이다.

새가 먹은 음식물은 입을 현관으로 삼아 소화관을 통과한다. 그 과정에서 영양분이 흡수되고, 흡수되지 않은 잔해가 총배설강總排泄腔을 통해 바깥으로 배설된다. 요컨대 음식물에서 양분을 뽑아내

◈ ◈ ◈ ◈

12 하세가와 마치코의 만화 및 애니메이션 작품명이자 해당 작품의 주인공 이름으로 일본에 거주하는 남녀노소가 모두 안다고 할 정도로 유명한 작품

고 남은 찌꺼기가 똥이다. 입에서 총배설강으로 연결되는 소화관은 몸을 관통하는 튜브에 불과한데, 말하자면 도넛의 구멍 같은 것이다. 음식물이 몸 안의 바깥세상이라고도 할 수 있는 튜브를 통과한다는 의미에서 똥은 음식물 자체의 일부인 것이다. 그에 반해 일단 몸에 흡수된 성분이 몸 안에서의 역할을 마치고 신장을 경유하여 노폐물로 형태를 바꾼 후 배설되는 것이 오줌이다.

새는 인간과 달리 똥도 오줌도 총배설강이라고 부르는 단일 구멍에서 배출된다. 이 때문에 검은 똥 부분과 하얀 오줌 부분이 합쳐져 배설되는 경우가 많고, 이 둘이 함께 떨어지는 것이다. 함께 섞여 있다 해도 그 유래가 전혀 다르다는 것은 이제 이해되었으리라. 덧붙여 알도 이 구멍에서 나오기 때문에 알껍데기가 약간 지저분하기도 하다.

그리고 새의 오줌이 하얀 것은 요산이라는 성분으로 이루어져 있기 때문이다. 새는 몸을 가볍게 하기 위해 몸 안에 여분의 수분을 비축하고 있지 않다. 그러므로 수분의 함유량이 적은 요산이라는 형태로 배출하는 것이 이득이다. 또한 알 안에서 배아 상태인 병아리는 오줌을 알 밖으로 방출할 수 없지만, 요산은 물에 쉽게 녹지 않기 때문에 알 내부의 환경을 더럽히지 않을 수 있는 것이다.

다음에 또 여자친구가 보닛에 묻은 하얀 얼룩을 발견하고 "아이, 싫다…" 하고 말하면, 살짝 지식 자랑을 했으면 좋겠다.

"쯧쯧, 하얀 건 오줌이야. 똥은 그 옆의 검은 부분이고. 허니."

"이과 출신은 섬세하지 못해서 싫어."

당신을 송충이 보듯 경멸하며 그녀가 떠나가버릴지도 모른다. 하지만 그런 그녀도 언젠가는 틀림없이 감사할 것이다. 당신 덕분에 같은 실수를 반복하지 않았고, 다음번에 사귀는 남자친구 앞에서 부정확한 용어 때문에 창피를 당하지 않고 넘어갈 수 있었음을.

흑, 기분 나빴던 과거가 떠올라버렸다.

앞서 말한 대로 똥 분석은 새 연구를 하기 위한 효과적인 도구이다. 하지만 어디 떨어져 있는 똥을 주웠다고 해도 그 주인을 모르면 말짱 도루묵이다. 일일이 DNA 분석으로 주인을 확인하는 일은 비용이 들기 때문에 주인이 명확한 상태에서 똥을 줍는 것이 좋다.

조류학자는 늘 새그물을 사용해 새를 포획한다. 새그물은 옛날부터 전해져온 무차별 대량 포획 병기이며, 그 탁월한 성능 때문에 1947년부터 수렵법(현 조수보호법)으로 사용이 금지되었다. 다만, 학술 연구를 목적으로 하는 조사에서는 충분한 안전성이 담보되는 한 사용을 허가하는 것이다. 안타깝게도 밀렵꾼에 의한 위법 사용의 경우도 끊이지 않는데, 밀렵은 안 된다. 절대!

새그물이란 극히 가는 실로 짠 테니스 코트처럼 가로로 긴 망이다. 내가 주로 사용하는 것은 가로 폭이 12미터, 높이는 약 2.5미터 되는 것으로, 새의 길목을 차단하듯 설치한다. 검고 가느다란 실은 배경과 분간이 잘 되지 않아 새는 망을 알아채지 못한 채 날아들고, 그렇게 옴짝달싹할 수 없게 된다.

새는 잡히면 똥을 싼다. 포획의 충격과 긴장 때문인지 몸을 가볍게 하여 도주할 준비를 하는 것인지 모르겠지만, 아무튼 똥을 싼다. 이 때문에 포획 개체를 종이봉투에 넣어두면 유래가 분명한 시료를 채집할 수 있다. 똥을 채집한 후에는 버둥거리는 새의 온몸을 검사한다. 사이즈를 측정하고 몸무게를 재고 발찌를 채우며, DNA 분석용으로 혈액을 채집한 후 놓아준다.

분석이 끝날 때까지 내용물은 모른다. 똥은 초콜릿 상자와 같다. 톰 행크스가 그런 말을 했던 것 같다.[13]

실제로 새의 똥을 분석하다 보면 먹은 게 다양하다는 것을 알 수 있다. 식물의 씨앗, 개미 머리, 도마뱀의 뼈, 물고기 비늘, 새의 깃털, 종에 따라 다양한 음식물이 나오고, 계절과 지역에 따른 차이를 알려준다.

날개를 갖지 못한 피닉스

어느 화창한 대낮, 오가사와라의 바다로 이어지는 길에서 동박새의 똥을 채집했을 때의 일이다. 내용물에서 익숙지 않은 것이 나왔다. 그것은 고작 몇 밀리미터밖에 되지 않아 작은 조개라 불리는 복족류들이었다. 동박새의 똥은 몇백 번이나 조사해왔지만 복족

◆◆◆◆

13 톰 행크스 주연의 영화 〈포레스트 검프〉의 명대사 '인생은 초콜릿 상자와 같다'를 빗대어 일컬음

류와의 만남은 처음이었다. 그래도 새가 복족류를 먹는 일은 흔해서 그다지 놀라지는 않았다. 왜가리나 개똥지빠귀도 잘 먹고, 알의 형성을 위해 일부러 복족류 껍질을 먹어 칼슘을 섭취하는 새도 있다.

고상한 조류 연구를 하는 나는 이런 어림 반 푼어치도 없는 극히 작은 복족류의 종류에 대해서는 모른다. 그래서 도호쿠대학에 있는 복족류 선생에게 보여주기로 했다. 그 결과 알게 된 사실이 두 가지 있다.

첫 번째는 동박새 똥의 복족류가 막치조개나 오가사와라비단고둥 같은 익숙지 않은 미소패微小貝였다는 사실. 두 번째는 껍질 안에 몸의 본체가 소화되지 않고 남아 있다는 사실이었다. 그의 말에 따르면 산 채로 표본을 만든 듯한 상태이며, 배출된 직후에는 살아 있었다 해도 이상할 게 없다는 것이었다.

새가 먹은 것은 짧은 시간 안에 소화관을 통과한다. 이것은 몸을 가볍게 유지하기 위한 적응으로 보인다. 이 동박새의 경우에 복족류가 채 한 시간도 되지 않아 똥으로 배출되었다. 새는 씹지 않고 그대로 삼키기 때문에 이 한 시간을 버틸 수 있다면 복족류는 사라진 마술사처럼 생환할 수 있는 것이다. 지금까지 그런 이야기는 들어본 적이 없지만 만약 그것이 가능하다면 참으로 흥미롭다. 이것은 실험해볼 수밖에 없다.

곧바로 도호쿠대학의 선생 및 학생과 함께 프로젝트 생환을 시작했다. 실험 무대는 요코하마 시의 동물원. 사육하고 있는 동박새와 직박구리에게 미소패를 먹이기로 했다. 준비한 500개체의 오키나와산 고둥은 너무나 작아서 손바닥 크기만 한 상자에 모든 개체가 들어갔고, 그 존재의 덧없음에 눈두덩이 뜨거워졌다. 이 복족류를 바나나에 섞어 새에게 먹이로 주고, 똥 안의 복족류가 살아있는지 확인해보기로 했던 것이다.

죽어 있고, 죽어 있고, 죽어 있고, 슬슬 체념하는 분위기가 형성될 무렵 똥 안에서 꼼지락꼼지락 움직이는 게 있었다. 똥에 섞여있으면서도 확실히 고둥이 살아 있었던 것이다! 새의 내장을 통과한 고둥 결사대가 산 채로 배출된 게 확인되었다.

결과적으로 약 15퍼센트의 복족류가 살아서 발견되었다. 그중에는 똥에서 출현한 직후 새끼를 낳아 증식한 개체도 있었다. 이것은 복족류가 새를 타고 이동, 분산될 수 있음을 보여준다.

자력으로 이동할 능력이 없는 그들에게 이것은 커다란 모험이다. 새는 과일을 먹고, 과육이라는 보수와 맞바꿔 씨앗을 뿌려 식물은 분포를 넓힌다. 작은 복족류는 그러한 씨앗과 같은 행동을 하고 있었던 것이다.

과일이 될지, 씨앗이 될지

보통 새에게 먹힌 동물은 소화되어 죽는다. 애당초 소화할 수 없으면 먹지 않을 것이다. 대다수가 소화되고 일부 개체가 살아남는다는 이번 결과는 새에게 있어서 먹을 만한 가치를 담보해준다는 의미에서 합리적이다. 즉 85퍼센트의 개체가 과일의 과육 역할을 하고, 살아남은 15퍼센트가 씨앗의 역할을 하는 것이다.

복족류는 강물 위를 떠다니는 나무에 올라타거나, 새의 깃털에 부착되거나, 때로는 바람에 날려 장거리 이동을 한다고 여겨졌다. 거기에 피노키오를 만든 제페토 할아버지 못지않은 익스트림 히치하이크라는 선택지가 추가된 것이다.

이렇게 되면 여러 동물로 시험해보고 싶어진다. 딱딱한 외골격을 가진 작은 갑충, 몸을 둥글게 말면 무적인 공벌레, 막강한 위장을 소유했다고 알려진 잇슨보시.[14] 새들에게 마구 먹여보고 싶다. 꿈은 크면 클수록 좋다.

이 실험을 지켜보면서 내 머릿속에서는 요괴 진멘이 데빌맨에게 던진 말이 메아리치고 있었다.

"살아 있는 것을 죽이면 안 돼. 맞잖아. 그래서 나는 죽이지 않고 먹는 거야!"

진멘에게 먹힌 인간은 의식을 유지한 채 그의 등딱지에 얼굴만 내밀고 계속 고통받는다. 〈데빌맨〉 역사상 가장 혐오스러운 괴물이라고 생각했지만, 어쩌면 그는 포식되어도 살아남는 동물의 존재를 예견하고 있었는지도 모르겠다. 이제부터는 이 이동 양식을 진멘식 이동이라고 부르자. 역시 나가이 고 선생이다! 사인 좀 해주세요!

◈ ◈ ◈ ◈

14 일본의 옛날이야기에 등장하는 난쟁이 영웅

4장

조류학자, 이렇게 생각하다

#1

코페르니쿠스의
함정

라트
(독일어로 '톱니바퀴')

활기찬 쥐가 세계를 돌린다

동네 스포츠 시설에서 라트를 배운 적 있다. 라트는 독일에서 생
긴 스포츠로, 햄스터용 쳇바퀴를 거대하게 만들어 인간이 그 안에
들어가 빙글빙글 굴리는 것이다. 초보 단계에서는 비트루비우스
Marcus Vitruvius polio[1] 같은 인체도의 자세를 취하고, 다빈치를 생각하

◈◈◈◈

1 기원전 1세기 로마의 건축가. 레오나르도 다빈치의 인체 비례도의 인물로 유명

며 옆으로 쓰러져 데굴데굴 굴린다.

아직 초보자여서 이대로 버터가 돼버리는 게 아닐까 걱정하며 다른 기술 없이 그냥 데굴데굴 굴렸다. 하지만 데굴데굴 구르기만 하는데도 의외로 재미있다. 언젠가는 출근길에 이용해보고 싶다고 생각했지만 직진밖에 못하는 내게는 천축보다 먼 풍경이며, 부처님 손바닥 위에서 구르는 게 고작이었다.

2014년 라트 전문가라고도 할 수 있는 쥐의 쳇바퀴에 관한 논문이 발표되었다. 야외에 쳇바퀴를 설치하고, 야생동물이 놀러 오는지를 확인해보았다는 흥미 만점의 연구였다. 그 결과 야생의 쥐가 찾아와 한바탕 돌리고 간 것을 알게 됐다. 쳇바퀴를 돌린다고 먹이를 구할 수 있는 것도 아니고, 신데렐라를 소개해주는 것도 아니다. 다이어트 목적일 가능성도 부정할 수는 없지만, 야생동물은 굳이 말하자면 먹고 살찌는 데만 전념하지, 일부러 살을 빼서는 혹독한 세계에서 살아갈 수 없다.

게다가 이 실험에서는 개구리와 민달팽이도 놀러 왔다. 실험 동영상이 인터넷에 공개되어 있으므로 꼭 보기 바란다. 민달팽이가 복족류처럼 천천히 쳇바퀴를 돌리는 모습을 보면 앞다투어 에스컬레이터를 달려 올라가는 자신이 부끄러워진다. 이 논문을 계기로 민달팽이에게 통렬한 깨우침을 얻은 나는 아무 생각 없이 돌린다는 것의 즐거움을 배우고 라트 교실에 다니기 시작했던 것이다.

인간은 회전으로 경쟁자를 따돌렸다

야생동물의 운동은 상당히 우수하여 인류의 숭배 대상이 되어 왔다. 새처럼 날고 싶다. 돌고래처럼 헤엄치고 싶다. 나무늘보처럼 게으르고 싶다. 그들의 세련된 운동 능력은 늘 인간보다 한 걸음 앞서간다.

테크놀로지의 세계에서는 바이오미메틱스biomimetics가 주목받고 있다. 이것은 생물이 가진 우수한 기능을 모방함으로써 새로운 소재나 기구 개발에 활용하는 방법이다. 이를테면 비행기에 탔을 때 창문으로 보이는 날개 끝부분이 약간 위로 구부러져 있는 기종이 있다. 이것은 비상할 때 새의 날개 끝이 말려 올라가는 구조에서 영감을 받아 NASA가 개발한 것이다.

야생의 세계에서 비효율은 죽음과 직결된다. 포식자보다 운동 성능이 낮으면 잡아먹히고, 사냥감보다 운동 성능이 떨어지면 굶어 죽는다. 동물은 적대 관계 속에서 군비 확장 경쟁을 하며, 운동 능력을 발달시켜왔다. 오랜 진화의 역사 속에서 갑작스러운 변이에 의해 다양한 형질이 탄생하며, 비효율적인 개체는 죽고 효율 좋은 개체만이 살아남았다. 몇억 년에 걸쳐 시행착오를 반복하며 별의 수만큼 많은 실험체의 죽음을 거듭해온 끝에 시스템이 세련되어졌다. 덕분에 고작 25만 년의 역사밖에 안 되는 인류로서는 도저히 따라잡을 수 없는 지혜의 보고가 만들어진 것이다.

그럼에도 불구하고, 회전운동이다.

일반적으로 앞으로 나아가는 행위에는 헛된 수고가 항상 따라다닌다. 새는 날개를 퍼덕이며 나아간다. 퍼덕인다는 것은 날개를 올렸다가 내리는 행위지만, 전진에 기여하는 것은 날개를 내릴 때뿐이다. 들어 올리는 것은 그다음에 내리기 위한 준비 외의 의미는 없다. 동물이 보행할 때는 앞으로 내민 발을 땅에 대고, 뒤쪽으로 차 내며 나아간다. 발을 내미는 동안에는 공중에 떠 있기 때문에 추진력은 얻을 수 없다. 자유형도 접영도 일련의 동작 가운데 절반은 준비다. 참으로 헛되고, 또 헛되고 헛되어, 시간을 멈추고 설교하고 싶어질 만큼 헛된 수고이다.

한편 회전운동은 우아하다. 전진을 위한 행위가 그대로 예비 동작을 겸하고 있어서 헛된 수고가 없다. 이 때문에 멈추는 일 없이 매끄럽게 전진할 수 있으며, 몇 안 되는 운동 패턴 중에서도 극히 효율 좋은 운동, 즉 운동 오브 운동인 것이다.

맹렬한 속도로 아르마딜로가 몸을 둥글게 만 채 언덕길을 미끄러져 내려가고, 여우에게 쫓겨 눈 위를 도망치는 토끼가 구르면서 눈사람이 되는 모습은 그다지 상상하기 어렵지 않다. 하지만 어디까지나 상상일 뿐 야생동물에게서 볼 수 있는 회전운동은 가차핀[2]의 백덤블링 정도밖에 없다. 회전이라는 획기적인 운동이 야생동물에게서는 채택되지 않은 것이다.

◆◆◆◆

2 일본 후지 TV의 유아 프로그램에 나오는 아기 공룡 인형 캐릭터

이에 반해 인간은 기원전부터 회전운동을 이용해왔다. 그 역사는 수레바퀴나 도르래라는 형태로 고대 메소포타미아까지 거슬러 올라간다고 한다. 인간이 발명한 기구가 자연을 뛰어넘은 순간이다.

분하게도 회전만큼 매끄러운 운동은 야생동물에게서는 극히 드물다. 일상에서는 얻을 수 없는 자연스러운 느낌이 회전운동에 매력을 부여하고, 민달팽이부터 조류학자까지 마음을 사로잡은 것이다.

스스로 하는 것은 싫습니다

인간은 공중으로 뭔가를 던질 때도 회전을 이용한다. 부메랑, 프리스비, 수리검, 커브볼. 오히려 회전 없이 던지는 편이 더 어려울 정도다. 회전하는 물체는 자이로 효과를 만들어내 안정된 궤도로 날아간다. 회전은 지상뿐만 아니라 비행에서도 유리한 운동인 것이다.

조류는 육상동물 중에서도 지극히 운동 성능이 좋다. 슴새 같은 것은 하늘을 날면 일상적으로 몇백 킬로미터, 바다로 들어가면 50미터 이상 잠수할 수 있고, 땅에서는 1미터 이상의 구멍을 파 둥지를 만든다. 확실히 박쥐는 날고, 돌고래는 헤엄치며, 두더지는 땅속에 있다. 하지만 박쥐는 땅속으로 들어가지 못하고, 돌고래는 날지 못하며, 두더지는 헤엄칠 수 없다. 육해공의 다른 환경에는 저마다 다른 운동 기능이 필요하다. 그런 그들을 아랑곳하지 않고 육해공 철인 삼종 경기를 할 수 있는 슴새는 터프한 운동선수이다. 슴새를 필두로 새는 다양한 환경을 이용하여 다양한 운동을 하는 솜씨 좋은 야생동물이다.

마지막 희망을 걸고 새의 비상에 주목하여 찾아보았지만 역시 아무도 돌지 않았다. 부메랑 형태의 날개를 가진 칼새는 혹시 빙글빙글 돌지 않을까 기대했지만 과대평가였다. 유일하게 발견한 것은 때까치가 전깃줄에 앉아 꼬리를 아무렇게나 빙글빙글 돌리는 모습뿐이었다. 조류 원리주의자로서 안타깝기 그지없었다.

결국 아무도 돌지 않았다. 야생동물은 왜 회전하지 않을까? 그저 그런 생각을 못했던 것뿐일까? 아니, 1억 5,000만 년에 걸쳐 진화한 조류인데 그럴 리 없다. 라트로 회전하면서 내 두뇌도 풀회전했다. 눈에 비치는 세계도 빙글빙글 돈다. 돌고 있는 게 나인지 아니면 세계인지. 천동설과 지동설 사이에서 자문자답하고 있는데 회색의 뇌세포가 회전운동의 결함을 속삭여왔다. 그렇다, 세계가 돌고 있는 것이다.

새는 걸으면서 머리를 흔든다. 오리나 갈매기처럼 흔들지 않는 새도 있지만 이야기하자면 길어질 테니 그들에 대해서는 잊어버리고, 닭이나 비둘기가 걷는 모습을 떠올려보시라. 매나 올빼미 같은 포식자를 제외하고 거의 대부분의 새는 눈이 머리 옆에 있다. 이 때문에 그냥 걸으면 시야 안에서 풍경이 앞쪽에서 뒤쪽으로 흘러가 불안정하다.

그래서 그들은 우선 목을 길게 빼고 머리 위치를 고정한 후 몸을 앞으로 이동시킨다. 몸이 이동하면 다시 목을 길게 빼고 같은 행위를 반복한다. 이럼으로써 머리를 움직이는 한순간 말고는 머리의 위치가 정지되어 안정적인 시야를 오랜 시간 유지할 수 있다. 즉 그들은 머리를 흔들고 있는 게 아니라 공간에 머리를 고정하고 있는 것이다.

조류는 시각에 의존하는 동물이다. 마찬가지로 많은 주행성 동물이 시야에 의존한다. 먹이의 발견에도, 포식자에 대한 경계에도 시야는 중요한 역할을 수행한다. 하지만 돌고 있으면 경치가 계속 움직여 시야가 불안정하다. 이래서는 사냥감도, 포식자도 도저히 발견할 수 없다. 아무리 운동 효율이 좋아도 생명의 위기는 회전 채택을 포기하는 강한 근거가 된다. 그들은 돌지 않는 게 당연한 것이다. 인간이 회전을 이용할 수 있는 것은 자신이 아닌 도구를 굴리기 때문이다.

틀림없이 행복은 옆에 있다

그렇지만 정말 회전운동은 야생동물에게 채택되지 못하는 것일까? 예외가 없는 법칙이 있을까? 어쩌면 어딘가에서 몰래 데굴데굴 구르고 있을지도 모른다. 나는 야생의 회전을 찾아 여행을 떠나기로 했다.

때때로 바위틈에 빠진 공벌레에 실망하고, 때로는 고타쓰에서 몸을 만 고양이를 질타하고 격려했다. 하지만 회전은 발견하지 못했다. 에레킹[3]의 뿔이든, 구비라[4]의 드릴이든 상관없으니까 돌아줘. 차라리 괴수가 상륙해서 내일 회의나 중단돼라. 그런 생각을 하면서 산책로를 걷던 가을 어느 날, 마침내 그때가 왔다.

바위 위의 한 마리 육지소라게와 눈이 마주쳤다. 나에게 놀라기라도 했는지 껍데기 속으로 몸을 집어넣었다. 그러자 지지대를 잃고 큰 바위 옆을 구르며 내 시야에서 사라져버리는 게 아닌가. 쥐구멍을 향해가는 주먹밥 정도의 맹렬한 속도였다.

마침내 발견한, 이것이야말로 야생의 회전이다! 효율적인 회전으로 비범한 속도를 만들어 단숨에 적의 시야에서 사라져 생명의 위기를 외면한다. 참으로 깔끔, 쾌청! 내 여행도 마침내 끝났다. 고마워, 육지소라게. 동물이 육상에 진출한 지 약 4억 년, 회전운동은 틀림없이 개발되었던 것이다!

데굴데굴데굴… 빠각!

응? 뭐지, 저 바위에 부딪혀 깨진 껍데기는? 뭐지, 그 껍데기를 팽개치고 도망가는 약하디약한 갑각류는?

앞뒤 따질 겨를도 없이 회전하여 시야에서 사라진 육지소라게는 너무 구르다 바위에 부딪혀 껍데기가 깨진 것이다. 누가 뭐래도 그들은 천연기념물…. 나는 그냥 걷기만 했을 뿐이에요. 내가 그런 게 아니라고요. 애당초 깨진 것은 그들의 임시 거처이고, 그들 본

◆◆◆◆

3 일본의 특수촬영물 〈울트라 세븐〉에 자주 등장하는 가공의 괴수
4 일본의 특수촬영물 〈울트라맨〉에 등장하는 드릴 모양의 코를 가진 괴수

체도 아닌걸요. 그렇잖아요…. 나는 잘못하지 않았어요….

회전운동은 절망적으로 시야를 잃은 통제 불능의 무모한 운전에 불과하다. 야생의 회전이 진화하지 못한 이유를 눈앞에서 확인하고 내 여행은 가을바람과 함께 종말을 고했다.

가을 하늘을 올려다보면 그때의 육지소라게가 떠오른다. 작은 감상에 젖은 내 시야 한구석에서 뭔가가 빙글빙글 회전한다. 이제 와서 뭐야?

그것은 돌면서 떨어지는 단풍나무의 씨앗이었다. 종자에 달린 날개가 공기의 간섭을 받아 회전하고 있었다. 그러고 보니 열대우림의 대표적 수종인 이우시과二羽柿科, Dipterocarpaceae〔아욱목에 속하는 속씨식물과의 하나〕, 일본에 자생하는 가죽나무, 가로수로 이용되는 벽오동, 이처럼 다양한 씨앗이 날개를 가지고 회전하면서 낙하한다. 이 경우 회전에 의해 낙하 시간이 연장되고, 바람에 의해 멀리까지 흩어지는 효과가 있다. 아뿔싸, 식물에서 회전이 채택되고 있을 줄은 설마 몰랐다.

동물에게 시야를 잃는다는 것은 막대한 결함이다. 하지만 시각이 없는 식물은 관계가 없다. 단풍나무는 약 6,000만 년 전의 지층에서도 발견된다. 언제부터 회전했는지는 모르겠지만 인류를 능가하는 오랜 역사를 가지고 있음은 틀림없다. 회전'운동'이라는 말에 얽매여 동물로만 대상을 한정하여 탐색했던 자신이 부끄럽다.

선입견을 갖지 말 것. 연구자로서의 기본을 까맣게 잊고 있던 나는 맹렬히 반성했다. 반성하는 김에 라트 출퇴근은 무리라고 포기하지 말고 그 실현을 위해 계속 회전하자. 우선은 면허를 딸 수 있는지 운송국에 문의해두어야만 하겠다. 천 리 길도 한 걸음부터, 15킬로미터의 출근길도 한 바퀴부터다.

작은 한 걸음을 소중히 여기는 것 역시 연구자의 기본이다.

#2

2차원 망상
조류학의 시작

리얼 교로 짱

시작은 관찰부터

배가 고프면 모리나가 초코볼이다. 아앗, 이런 곳에 새가 있잖아. 그럼 우선 찬찬히 관찰하며 그 행동을 추정해보아야만 한다.

초코볼 패키지를 장식하는 교로 짱[5]은 슈퍼마켓을 중심으로 분포하는 조류다. 모르시는 분은 초코볼을 음미해보시기 바란다. 1엔

◆◇◆◇

5 모리나가 제과의 초코볼 마스코트인 가상의 새. 애니메이션으로도 만들어짐

당 맛으로 따지면 고급 초콜릿인 고디바에게도 뒤지지 않는 과자 업계의 아이돌적 존재다. 커다란 부리에 커다란 눈, 색채감 풍부한 날개라는 특징적 외모를 가지고 있지만 그 행동에 대해서는 단편적인 정보밖에 없다.

하지만 생물학 연구의 역사는 오래되어 수많은 지식이 축적되어 있다. 특히 동물의 생태와 형태 관계는 잘 알려져 있다. 이를테면 포식자인 매나 호랑이, 상어 등은 동물을 공격하는 무기로서 날카로운 부리와 발톱, 이빨 같은 것들이 발달했지만 몸을 지키기 위한 갑옷은 없다. 생태계의 정점에 선 그들에게는 공격이야말로 최대의 방어. 굳이 몸을 지킬 기구를 발달시킬 필요는 없었던 것이다.

한편 방어 기구를 진화시킨 것은 생태계 피라미드의 하위에 있는 동물이다. 온통 가시에 둘러싸인 호저는 약한 초식동물, 장갑으로 덮인 아르마딜로는 지렁이 같은 것을 먹는 겁쟁이, 가시로 몸을 보호하는 닭새우는 상어를 두려워하는 맛있는 식재료이다. 단단한 갑옷을 만들려면 에너지가 필요하다. 죽는 것보다는 낫기 때문에 그런 화려한 장비를 진화시켜온 것이다. 덧붙여 아르마딜로의 갑옷은 소총으로 쏴도 튕겨 나오는 경우가 있는 것 같으니까 부디 조심하시길.

영화에서는 드래곤이 온몸에 가시를 달고 주인공을 공포의 도가니로 몰아넣는다. 하지만 형태로 추측컨대 그는 포식자를 겁내는 약자다. 슈퍼마리오의 라스트보스인 쿠파도 온통 가시투성이, 엄청나게 맛있을 게 틀림없다. 용사들은 무술이나 마법 수련보다 우선 생물학을 공부해두자. 그러면 헛되고 헛된 살생을 저지르지 않아도 된다.

그럼 다시 교로 짱을 살펴보자. 대형 부리는 먹이를 통째로 삼키는 데 적당하다. 쥐나 물고기를 포식하는 육식동물이거나 과일을 그냥 삼키는 초식동물일 것이다. 다만, 그들의 주요 성분이 카카오나 땅콩이라는 것을 생각하면 과일을 사랑하는 평화주의자일 가능성이 높다.

신경 쓰이는 것은 동그란 눈이 둘 다 정면을 향하고 있다는 점이다. 일반적으로 포식자를 경계하는 식성 좋은 새는 시야를 넓히기 위해 눈이 머리 옆에 있다. 이에 반해 포식자는 두 눈으로 대상을 보고 입체적으로 그 위치를 포착할 수 있도록 눈이 앞쪽에 달려 있다. 그렇다면 육식동물설이 현실감을 띤다.

하지만 인간을 포함한 원숭이 동료들도 앞쪽에 눈이 달려 있다는 것은 잘 알려진 바다. 원숭이는 나무 이용자로 진화했고, 나뭇가지의 위치 등을 입체적으로 파악하기 위해 폭넓은 두 눈의 시야를 발달시켜온 것으로 여겨진다. 즉 육식동물이 아니더라도 앞을 보는 눈은 진화한 것이다.

분명 교로 짱은 포식자가 없어서 경계할 필요가 없는 지역에서, 나무 위 과일을 먹으며 살 것이다. 그곳은 육식 포유류가 없는 외로운 섬이다. 커다란 부리와 앞을 향한 눈을 통해 우선은 합리적인 고찰에 이르렀다고 말할 수 있다.

거기에 발가락이 있어서

나는 겨울에는 추워서 조사지로 나가지 않는다. 일본 국민에게는 언론과 추위의 자유가 보장되므로 내 마음대로 고타쓰에 들어간다. 하지만 조류학을 게을리할 수는 없다. 고교야구 고시엔 같으면 평고 천 번, 농구라면 슛 2만 번, 연습은 반드시 필요하다. 이럴 때는 고타쓰에서 에어조류학으로만 한정한다. 오늘은 비장의 과자 상자에서 발견한 교로 짱을 상대로 머릿속 연구에 힘쓴다.

그럼 계속하자. 교로 짱은 갈색이나 노란색 등, 개체에 따라 미묘하게 다른 다양한 깃털 색깔을 가지고 있다. 이것은 시베리아에서 번식하는 목도리도요와 같은 유형이다.

목도리도요는 번식기에 수컷이 모여 레크lek라고 불리는 집단을 만든다. 암컷에게 아름다운 깃털 색깔을 경쟁적으로 자랑하며 짝을 이루는 것이다. 봄이 되면 온갖 색깔의 교로 짱이 초원에 모여 춤을 추기 시작한다. 암컷은 거기에 반해 다가온다. 야외에서 이런 장면과 마주치면 배 터지도록 먹다가 멸종될 것 같다. 역시 포식자가 없는 무인도 생활 가설과 일치한다. 흐음, 상당히 설득력이 있는데.

다음으로 주목할 것은 발이다. 발에는 앞에 세 개, 뒤에 하나의 발가락이 있다. 이것은 조류의 전형적인 패턴으로 삼전지족三前趾足이라고 부른다. 지趾는 발가락을 뜻하는 용어이다.

이 발의 특징은 뒤쪽을 향한 첫 번째 발가락, 즉 엄지에 있다. 사람의 발에 이런 발가락이 있으면 양말에 구멍이 뚫리고, 자칫 발을 헛디디기라도 하면 삐기 십상이다. 무엇보다 전진할 때 반대 방향이라 방해를 받을 수밖에 없다.

그런 한편으로 이 발가락에는 물건을 움켜쥐는 기능이 있다. 인간이 발로 물건을 잘 쥐지 못하는 것은 모든 발가락이 같은 방향이기 때문이다. 새의 삼전지족은 나뭇가지를 움켜쥐기 위해 진화한 것으로 보이며, 이 발은 나무 위에서 적응한 결과인 것이다. 교로쨩의 나무 위 생활 가설에 딱 들어맞는다.

새에게 발은 날개와 함께 중요한 기관이므로 조금 더 살펴보자.

조류는 비행에 적응하여 진화한 동물이라는 데 이론異論은 없다. 하지만 새는 수많은 시간을 날지 않고 지낸다. 하늘을 나는 데는 먹이 탐색, 계절적 이동, 포식자 회피 같은 이유가 있는 것으로 보인다. 거꾸로 말하자면 이들 이유가 없으면 그다지 날지 않는 것이다.

비행에는 비용이 동반된다. 뉴턴이 사과를 떨어뜨린 게 원인이다. 그가 경솔해서 세계는 중력의 지배를 받게 되었고, 비행에 에너지가 필요하게 되었다. 혹독한 야생의 왕국에서는 에너지의 헛된 낭비는 금지되어 있다. 이 때문에 새는 볼일이 없으면 날지 않는다.

야생 조류를 보다 보면 하늘을 나는 빈도가 예상 밖으로 적다는 사실을 알 수 있으리라. 먹이를 찾는 비둘기는 늘 지상을 걸어 다닌다. 까마귀는 전깃줄 위에서 씨익 웃고 있다. 쫓으면 날아서 도망치지만 손이 닿지 않는 나뭇가지에서 다시 쉰다. 새가 하늘을 나는 생물이라는 것은 선입견에 불과하다.

날지 않을 때 그들이 사용하는 기관은 발이다. 날개는 조류의 상징이지만 발은 일상을 지탱하는 운동 기관으로 중요한 역할을 갖는다. 이 때문에 새의 다리 형태는 생활에 맞춰 적응하며 진화했다.

삼전지족은 나무 이용자의 전형적인 발이다. 참새도, 매도, 비둘기도 이런 유형이다. 새의 선조인 공룡의 경우 발가락이 모두 앞을 향해 달려 있지만 이것은 그들이 지상에서 활약했기 때문이다. 공룡에서 조류가 진화하고, 나무 위를 활용함으로써 뒤쪽을 향한 발가락을 획득한 것이다.

그 후 나무 위에서 적응한 조류로부터, 나무 위를 이용하지 않는 조류가 다시 진화해왔다. 그럼에 따라 뒤를 향한 엄지발가락은 그냥 성가시기만 한 존재가 되고 말았다. 이 때문에 지상성 새에게서는 그 엄지발가락이 사라진다. 오스트레일리아의 에뮤는 엄지발가락이 사라져 세 발가락이며, 아프리카의 타조는 두 번째 발가락까지 퇴화하여 두 개만 남았다. 미래의 아프리카를 무대로 영화를 찍는다면 꼭 발가락 하나로 진화한 타조를 등장시키고 싶다.

나무 이용을 중단한 새를 가까이에서 확인하고 싶다면 집오리 같은 것이 적당할 것이다. 그 발에는 작게 퇴화한 엄지발가락이 살짝 달려 있다. 그들의 엄지발가락에는 이미 발가락으로서의 기능은 거의 없고, 과거에 발가락이 있었던 기념으로 남아 있다. 마찬가지로 갈매기 역시 엄지발가락은 흔적 같은 존재다.

교로 쨩의 나무 생활 가설은 이제 의심할 여지가 없다. 이것은 공식 사이트에 게재해도 좋을 수준이다. 누군가, 모리나가 고객상담실로 전화해주지 않으시려는지.

아무튼 이런저런 지당한 말을 했지만 속아서는 안 된다. 연구자는 늘 허풍을 떤다.

믿는다고 모두 구원받는 것은 아니다

여러 형태를 통한 고찰로 나무 위 생활의 근거를 거론해왔지만 사실 여기서 말하는 것을 반드시 신뢰할 수는 없다. 물론 각각의 현상은 기본적으로 사실대로 썼다고 생각하지만 그것은 어디까지나 사실의 일부일 수밖에 없다.

이를테면 물꿩이라는 새의 발은 뒤쪽으로 뻗은 특히 긴 엄지발가락을 갖고 있다. 앞서 말한 내용대로 하자면 이것은 굵은 나뭇가지라도 쥘 수 있을 것 같은 형태다. 하지만 이것은 나무 위 적응이 아니다. 그들은 수면의 연잎 위를 걸어 다닌다. 그런 불안정한 곳을 걸으려면 발 뒤에 걸리는 체중의 압력을 분산시키는 게 좋다. 눈 위에서 설피를 신으면 파묻히지 않는 것과 같은 원리로, 특별히 긴 발가락을 벌려 아슬아슬한 잎 위를 걸어 다니는 것이다. 질퍽거리는 간척지의 갯벌 위를 걸어 다니는 뜸부기의 동료도 역시 긴 엄지발가락을 갖고 있다.

발밑이 편하지 않은 것만이 아니다. 종다리나 긴발톱할미새는 일반적인 긴 엄지발가락과 함께 그와 비슷하게 긴 발톱을 갖고 있다. 그들은 지상을 잘 걸어 다니는 새다. 이족보행은 사족보행에 비해 불안정한 운동이다. 나뭇가지처럼 움켜쥘 게 없는 지상에서 발 뒤의 접지 범위를 늘려 안정성을 높이는 것인지도 모른다.

확실히 뒤쪽 방향의 엄지발가락이 최초로 진화한 것은 나무 위 생활을 위한 적응일지 모른다. 하지만 나무에서 내려온 새들 중에는 몸을 안정적으로 지탱하기 위해 이것의 용도를 바꾼 경우도 많다.

그렇게 생각하면 교로 짱이 훌륭한 엄지발가락을 가지고 있다고 해서 반드시 나무 이용자라고 단정할 수는 없다. 오히려 그 발은 물가의 질퍽거리는 땅에 적응한 것인지도 모른다. 만약 그렇다면 커다란 부리는 큰 물고기를 덥석 삼키기 위한 것이리라. 앞을 향한 눈은 물고기의 위치를 정확히 파악하는 포식자의 눈이다. 갈색을 중심으로 한 다양한 색채는 지역마다 다른 물가의 마른 풀이나 둑에 대한 보호색으로서의 적응이며, 포식자인 매로부터 몸을 숨기는 동시에 사냥감인 물고기에게 들키지 않도록 배려한 것이다. 메기를 통째로 삼키는 모습은 민물고기들이 기피하는 공포의 대마왕이다. 불확실한 과일 섭취 가설과는 정반대되는 결론이다.

어느 쪽이 확실한지는 물론 알 수 없다. 애당초 형태만으로 생태를 알 수 있다면 야외 조사 같은 것은 할 필요가 없다. 모르기 때문에 조사하는 것이다. 정말, 조류학자를 우습게 보면 곤란하다!

그런 의미에서 에어조류학의 결론은 생태 불명이라는 출발점으로 다시 돌아왔다.

연구자는 전문 지식을 구사하여 그럴듯한 이야기를 지어내는 게 장기다. 적당한 사례들을 솜씨 좋게 조합해 언뜻 설득력 있는 이야기를 지어냄으로써 가끔 세상을 속이곤 한다. 그렇지만 거기에 꼭 악의가 있는 것은 아니다. 때로는 스스로 그 이야기를 믿어 자신까지 속이고 마는 경우도 있다. 그래서 더욱 연구 성과를 듣는 사람도 내용을 다시 음미해보는 버릇을 들였으면 좋겠다. 물론 지어내는 쪽이 나쁘지만 자기 방어는 필요하다.

이렇게 되면 연구자로서의 의무는 하나, 야생 개체의 조사밖에 없다. 어딘가에서 야생 교로 짱을 발견한 분은 꼭 좀 연락해주시기 바란다. 유익한 정보 제공자에게는 비장의 초코볼을 드리겠다.

이렇게 해서 고찰도 끝났고 야생 개체의 발견도 부탁할 수 있었다. 드디어 살 것 같은 마음이 들어 자연스럽게 인터넷을 보다가 교로 짱 애니메이션이 있다는 것을 우연히 알게 되었다. 이미 야생 개체의 기록 영상이 있다니, 어찌된 일인가. 논문만 탐색하고 일반 정보의 탐색은 게을리했다.

상아탑에만 너무 갇혀 일반 지식을 빠트린 채 사고를 폭주하는 것도 연구자의 특징 가운데 하나다. 연구자의 특성을 알았으니까 믿든 안 믿든 이제부터는 자기 책임이다. 부디 정신 바짝 차리시길.

모험자들,
너무 모험하다

오가사와라말똥가리
(with 곰쥐)

너무 열심히

아열대 지역에 속하는 오가사와라에서는 겨울에도 모기가 기승
을 부린다. 약간 이상한 말 같기는 하지만 언젠가 지구 온난화가
진행되면 혼슈에서도 겨울에 모기에게 시달리는 날이 올지도 모
른다. 혼슈가 동장군과 한바탕 전쟁을 치르고 있는 것을 흘깃거리
며 야외 조사를 하는데 역시나 모기에게 물렸다.

에데스모기에 오가사와라빨간집모기, 이 땅에서는 모기조차 고
유종이다. 두 팔에 붙은 모기를 때려잡을지 말지 잠시 망설였다.

고유종이라서 그런 게 아니다. 평등주의를 표방하는 나는 어디에 있든 차별 없이 모기를 적대시한다.

여기는 무인도, 니시지마다. 오가사와라에는 니시노시마라는 이름이 비슷한 섬이 있는데, 이름 외엔 전혀 비슷하지 않은 섬이다. 생피를 빨아 먹는 용감한 흡혈모기는 무인도에서 무인 영업을 하며 대체 누구의 피를 빨고 있는 걸까? 디톡스되기를 기대하며 단식하고 있는 것은 아니리라.

이 섬에서 합계 중량이 최대인 척추동물은 아마도 곰쥐일 것이다. 그렇게 생각하면 보통은 쥐의 피를 빨고 있을 가능성이 높다. 함부로 모기를 때려잡으면 내 손에 쥐의 피가 묻을지도 모른다. 그건 기분 나쁘다. 망설이고 있는 동안 모기는 식사를 마치고, 어딘가로 가버렸다. 크윽, 내 피를 양식 삼아 동료를 늘리려 하다니 괘씸한 놈들이다.

니시지마뿐만 아니라 일본에서도 가장 개체수가 많은 포유류는 아마도 쥐와 그 동료들이리라. 포식자에게 먹히고 또 먹히면서도 끝까지 살아남을 것 같은 작은 몸집에 증식률도 높은 동물이다. 그들은 동시에 인간의 가장 친근한 야생동물이기도 하다.

인간이 있는 장소에는 대개 쥐가 있다. 쥐는 인간을 정말 좋아한다. 그것은 대형 테마파크에서 돈을 잃어버려주기 때문도, 톰을 혼내주기 때문도 아니다. 인간 사회에서 발생하는 음식물과 환경이 그들에게 유익하기 때문이다. 농작물을 무척 좋아하며, 인간의 거주지에는 담비나 올빼미 같은 포식자가 적다. 먹이는 있되 천적이 없으니 극락이나 목욕탕 카운터 같다.

신화의 시대, 오쿠니누시는 쥐의 도움을 받아 겨우 살아났다.[6] 쥐님이다. 하지만 그런 밀월도 지금은 옛날이야기다. 쥐는 여전히 인간 사회에 접근해오지만 현대인은 쥐를 끔찍이 싫어한다. 농업에 피해를 주고, 전염병을 옮기며, 고양이 모양 로봇의 귀를 물어뜯는다. 이럴 줄 알았으면 말의 귀나 고양이 귀에도 부적을 붙여둘걸 그랬다고 후회하게 된다. 쥐는 인간을 늘 따라다니는 인류 역사상 최초의 스토커인 것이다. 그리고 스토킹 문제를 더욱 복잡하게 만든 쥐는 화물과 함께 배에 올라타 세계 각지의 섬까지 침투했다.

초대받지 못한 손님들

오가사와라 제도에는 염소, 고양이, 소, 돼지, 사슴, 토끼 같은 외래 포유류가 들어와 있었다. 이들은 모두 의도적으로 운반되어 온 것이다.

한편 쥐는 제멋대로 침입했다. 백해무익한 쥐는 미움받는 자식 신세가 되어 오가사와라의 약 30개 섬에 분포를 넓혔다. 오가사와라에 분포한 생쥐, 시궁쥐, 곰쥐 중에서 제도 안에서 가장 넓게 분포한 것은 곰쥐다.

◈◆◆◈

6 일본 건국과 농경의 신인 오쿠니누시가 저승에서 태풍의 신인 스사노오의 분노를 샀지만 쥐의 도움으로 목숨을 건졌다는 이야기가 있음

곰쥐는 식물질을 좋아하며 특히 씨앗을 잘 먹는다. 그중에서도 대형 씨앗을 좋아하여 괴멸적으로 먹어치운다. 일반적으로 종자가 크면 한 그루 나무가 되는 종자 수는 적고, 종자가 작으면 그 수가 많다. 먹어서 효율성이 좋은 대형 종자는 좋은 목표물이 되고 결과적으로 식물은 큰 타격을 받게 된다. 나도 거대 옥수수의 일종인 자이언트콘을 구워 먹고 싶은 믹스넛 애호가이므로 그 심정을 아는데, 그 식욕은 식물의 번식에 큰 영향을 미친다.

종자뿐만이 아니다. 어린 나무도 갉아대 고사시키기 때문에 영향의 범위가 넓다. 쥐는 야행성이라 염소처럼 와구와구 먹는 모습을 볼 수 없는 만큼 그 영향의 정도는 잠복성이 높다. 하지만 곰쥐는 나무도 잘 타므로 나무 위 종자까지 먹어치워 다음 세대 육성을 저해하며 저출산에 박차를 가한다. 그 이상으로 두려운 것은 갑자기 취향을 바꾸는 것이다. 곰쥐가 갑자기 동물을 습격하기 시작한 적이 있다.

히가시지마라는 수수한 이름의 작은 무인도가 있다. 여기는 오가사와라 제도에서도 손꼽히는 바닷새 번식지며, 수천 쌍의 슴새가 번식한다. 이 섬에서 2005년 무렵부터 변이가 관측되었다. 검은슴새라는 소형 슴새의 사체가 몇백 마리나 발견된 것이다. 그 몸에는 쥐의 이빨 자국이 나 있었다.

바닷새는 일반적으로 활공에 적합한 긴 날개를 가졌기 때문에 장거리 비상은 잘하지만 갑작스럽게 날개를 퍼덕여 날아오르는 것은 쉽지 않다. 게다가 슴새는 땅속에 둥지를 틀기 때문에 둥지 안에서 쥐의 습격을 받으면 꼼짝할 도리가 없다. 과일을 좋아하던 오피스 레이디처럼 무해한 이웃이 어느 날 갑자기 육식으로 변해 공격해온 것이다. 그것은 정말 바이오해저드biohazard(유전자 조작이나 세포 융합 등의 실패로 생기는 유해 미생물이 인간이나 사회 환경 등에 피해를 미치는 일)이다.

이대로 가면 바닷새가 멸종된다. 위기로부터 섬을 지키기 위해 급히 쥐 구제가 실시되었다. 사실은 영화 〈레지던트 이블〉의 밀라 요보비치에게 부탁하여 육탄전으로 쥐를 섬멸했으면 좋겠다고 생각했지만, 그런 말을 입 밖에 낼 분위기가 아니었다.

쥐 구제는 근절이 기본이다. 증식률이 자랑거리인 그들은 한 해에 몇 번이나 새끼를 낳고는 그야말로 쥐처럼 증식한다. 이를테면 한 쌍이 연 20마리의 새끼를 남기고 죽는다고 치면, 개체 수는 매년 10배가 된다. 근절에 실패하여 열 마리의 부모가 살아남았다면 3년 안에 1만 마리까지 된다는 계산이다.

히가시지마는 작다고는 해도 28헥타르다. 엄브렐라 사[7]의 앨리스[8]의 체표면적體表面積을 약 1.7제곱미터로 하면 약 16만 5,000 앨리스, 좀비도 혀를 내두를 넓이다. 절벽이나 빽빽한 덤불 같은 직접적인 접근이 어려운 장소도 많다. 이 때문에 덫으로 포획하는 것

◆◆◆◆

7 비디오 게임인 바이오해저드(혹은 레지던트 이블) 시리즈와 이를 원작으로 삼은 다양한 게임과 영화에 등장하는 가공의 기업
8 레지던트 이블 속 여전사 이름

은 현실적이지 않다고 판단, 헬리콥터를 이용하여 살서제殺鼠劑를 공중에서 살포했다.

독의 유효 성분은 디파시논이라는 왠지 특수촬영 히어로물에 등장할 것 같은 이름으로, 몸 안에 내출혈을 발생시켜 죽음에 이르게 한다. 쥐 외의 포유류에게도 효과가 있기 때문에 멸종 우려종인 오가사와라큰박쥐가 먹으면 죽을 우려가 있었다. 그래서 큰박쥐가 섬을 찾아오지 못하도록 공중 살포 전에 이들이 좋아하는 용설란을 제거하는 작업이 벌어졌다. 또한 일반적으로 새에 대한 영향은 작지만 종에 따라서는 사망할 가능성도 있었다. 중독 증상은 비타민K1 투여로 완화되기 때문에 만일의 경우를 대비하여 구조 체제가 갖추어졌다.

2008년 8월, 300킬로그램의 살서제와 함께 구제 사업이 실시되었고, 무사히 근절을 맞이했다. 히가시지마의 바닷새는 절찬 회복 경향을 보이고 있다.

이것은 운이 따른 성공 사례다. 승리의 요인은 바닷새 멸종 전에 그 피해를 발견할 수 있었던 점이다. 하지만 안타깝게도 많은 섬에서는 이미 소형 바닷새가 모습을 감춘 후였다. 식물이나 바닷새뿐만이 아니다. 치치지마父島와 아니지마兄島 같은 남성스러운 이름의 섬에서는 달팽이나 산비단고둥 같은 희소한 복족류가 포식되어, 멸종 직전까지 몰려 있다. 나무 위에서는 작은 새의 둥지도 습격당한다.

독에 의한 구제는 늘 찬반 논의를 일으키지만, 쥐의 존속에 의해 잃는 생명과 생물 다양성을 생각하면 효율적인 구제의 추진은 반드시 필요하다.

악당 패러독스

그런 한편으로 쥐는 생태계 안에서 중요한 역할을 수행한다. 그것은 오가사와라말똥가리의 먹이가 된다는 것이다. 이 새는 오가사와라에만 사는 고유의 매로, 그 먹이의 약 절반이 쥐다. 이 때문에 쥐가 사라지면 그들은 먹이 부족 상태에 빠진다. 내가 조사한 니시지마에서는 쥐 구제 후에 말똥가리가 모습을 감추고 말았다. 다른 무인도에서는 구제 후에 말똥가리의 번식 성공률이 저하되었다. 말똥가리에게 쥐의 상실은 밀가루가 빠진 오코노미야키와 맞먹는 충격적인 현상이다. 이건 그냥 풀만 구운 것이다.

오가사와라말똥가리는 문화재보호법에 의해 천연기념물로 지정된, 역시 멸종 위기종이기도 하다. 즉 쥐는 보전 대상 종의 존속에 꼭 필요한 동물이라고도 할 수 있는 것이다. 이 상태에서 쥐를 근절시키면 동시에 말똥가리도 멸종될 우려가 있다. 이렇게 되면 쥐 근절 만만세라고는 할 수 없다.

앙투아네트는 쥐가 없으면 케이크를 먹을 수 있어서 좋다는 말을 남겼다. 하지만 안타깝게도 무인도 어디에도 케이크 가게는 없다. 그렇다면 쥐가 침입하기 전 말똥가리의 먹이가 무엇이었는지 신경이 쓰인다.

바닷새의 번식지에 가면 그 해답이 떨어져 있다. 말똥가리에게 먹힌 바닷새의 다양한 사체다. 소형 바닷새는 말똥가리의 먹이로 가장 적당한 크기이며, 그래서 잘 포식당한다. 오가사와라에는 원래 많은 바닷새가 번식했지만 쥐의 침입에 의해 각지에서 멸종되었다는 것은 앞에서 말한 바 있다. 요컨대 말똥가리는 사라진 바닷새 대신 쥐를 먹었던 것이다.

말똥가리에게 쥐는 먹이이자 동시에 소형 바닷새라는 먹이를 두고 다투는 경쟁자이기도 했던 것이다. 쥐는 케이크를 다 먹었기 때문에 케이크 대신 말똥가리에게 먹히는 처지가 되었으니, 왠지 이솝 우화에 나올 법한 과정이다.

쥐를 구제하면 말똥가리는 먹이 부족이 된다. 하지만 쥐가 사라지면 조류가 늘어날 것이다. 그러면 쥐가 없어도 말똥가리는 바닷새나 육지의 새를 먹어 멸종 위기를 모면할 것이다. 조류 생태계의 회복을 진행하면서 구제를 하면 어떻게든 괜찮을 것 같다.

일단 생태계 안으로 들어가 생태계 안에서 뭔가 기능을 하게 되어 버린 생물은 그 근절에 의해 부작용을 초래한다. 설령 밉기만 한 쥐라 해도 생태계 안에서의 기능을 확실히 파악해야만 하는 것이다.

바다를 헤엄치는 쥐

아무튼 근절, 근절 하고 아주 쉬운 것처럼 말했지만, 사실 그리 간단하지 않다는 것은 알고 있다. 쥐는 단거리라면 바다를 헤엄칠 수 있는 것이다. 곰쥐의 경우에 1킬로미터 정도의 바다를 건너 이웃 섬으로 분포를 넓힐 수 있다. 원치 않는 외래종인 쥐가 넓은 분포를 갖게 된 것은 그 자유분방한 이동성 때문이다.

니시지마에서는 2007년에 쥐 구제가 시행되어 같은 해 근절 선언이 나왔다. 하지만 2009년에 쥐가 다시 발견되었다. 이것을 근거로 2010년에 다시 한 번 구제 작업을 했지만 2013년에 또 발견되는 사태가 벌어져 2016년 11월에 세 번째 구제를 실시했다.

이 두더지잡기식 과정은 근절되지 않은 소수가 잠복하여 살아남아 그 후 증가했기 때문인지 모른다. 어쨌든 쥐는 증가율이 왕성해서 살아남았다면 구제 후 3년 이내에 재발견될 확률이 높다. 특히 2013년의 사례에서는 재발견까지 3년 이상이 걸렸는데, 근절 후 다시 침입했을 가능성도 부정할 수 없다.

니시지마는 쥐가 고밀도 분포하는 치치지마로부터 1.8킬로미터, 이바라키가 자랑하는 키다리아저씨 다이다라봇치大太法師[9]라면 약 열 걸음 정도밖에 떨어져 있지 않다. 이 섬에서 근절해도 재침입의 불안은 가시지 않는다. 그렇다고 2,000명 이상이 살면서 24제곱킬로미터의 땅을 가진 치치지마에서의 근절은 쉽지 않은 일이라, 완전 승리를 위한 시나리오는 아직 마련되어 있지 않다.

영화 〈레지던트 이블〉에서는 좀비가 발생하면 두 시간에 걸쳐

◆◆◆◆
9 일본 각지에서 전해 내려오는 거인을 일컫는 말

앨리스가 구제한다는 루틴을 반복했다. 스테이지를 클리어해가는 게임 세계의 비현실이라고 깔보아서는 안 된다. 이것은 쥐 구제 관계자에게는 악몽 같은 현실을 방불케 하는 리얼리티 넘치는 작품이다. 좀비를 쥐로 머릿속에서 변환하여 영화를 감상한다면 쥐 헤저드에서 오가사와라 기분을 즐길 수 있을 것이라고 약속한다.

#4

원더풀
라이프

신선도가….

죽은 척하기의 과학

'곰 앞에서 죽은 체하는 것은 가소롭기 짝이 없으며 과학적인 것과도 거리가 멀다. 이럴 때는 당황하지 말고 자세를 유지하며 천천히 뒤로 물러나는 게 적당하다.'

봄이 되면 동면에서 깨어난 숲의 곰들이 야산을 돌아다니기 시작한다. 그런 한편으로 약초를 캐는 미남미녀들도 야산을 돌아다닌다. 당연히 둘의 조우 확률은 상승하고, "꽃이 핀 숲길에서 재빨리 삿사사노사"[10]이다.

처음에 한 말은 곰이 출몰하는 계절이 되면 자주 듣는 말이다. 여기서 생각해봐야 할 것은 과학적이란 무엇인가 하는 것이다. 일반적으로, 과학적으로 실증된 것은 신뢰성이 높다고 생각한다. 나 정도의 과학자쯤 되면, 백의의 미인 말이라면 무조건 맹신해버리기는 하지만 과학적이라고 말한 경우에 중시되는 요건이 있다는 것도 모르는 바는 아니다.

보통 자연과학의 세계에서 중시되는 요건은 '반증 가능성'과 '재현성'이다. '반증 가능성'이란, 증명하고 싶은 현상이나 사실에 대해 그것이 옳지 않음을 증명하는 방법이 있을 수도 있다는 것이다. 이 반증 가능성이 담보되는 것은 과학적인 신뢰성을 얻는 중요한 요건이 된다.

이를테면 나는 하와이 해변에서 요염하기 이를 데 없는 인어를 본 적이 있다. 안타깝게도 내가 본 것은 비키니를 걸친 아찔한 상반신뿐이었으므로, 어류임을 알려주는 특징적인 하반신은 보지 못했다. 하지만 그 아름다움으로 보아 인어임이 틀림없다고 확신했다.

그런 한편으로 나의 친구들은 그녀를 보지 못했다고 했다. 그것도 당연하다. 인어는 정말 부끄러움이 많아 그 모습은 선택된 자가 아니면 보지 못하는 것이다.

이러한 대상의 부존재를 과학적으로 증명하는 것은 불가능하다.

◆ ◆ ◆ ◆

10 일본 동요 〈숲속의 곰 아저씨〉의 가사 중 일부

만약 보았다면 그것으로 이야기는 끝난다. 하지만 보지 못했을 경우에는 '그러니까 당신에게는 인어가 안 보이는 거야. 사실은 있는데'가 되고 만다. 인어만으로는 결론이 나지 않지만 그래도 좀 더 말하고 싶어진다.

즉 있다는 것은 증명할 가능성이 있지만 없다는 것을 증명할 가능성이 없는 것이다. 이 경우, 인어가 존재한다는 가설에 대해 반증 가능성이 담보되지 않기 때문에 그 존재를 과학적으로 논의할 수 없게 된다.

다음으로 '재현성'이란, 같은 조건을 모두 갖추면 반드시 같은 결과를 얻을 수 있다는 것이다. 이를테면 인어와 내가 만났을 때 반드시 첫눈에 사랑에 빠질 것이라는 것을 과학적으로 증명할 수 있다면 그것은 몇 번을 만나더라도 사랑에 빠진다는 의미다. 내세에서도 틀림없이 두 사람은 맺어진다.

반드시 이 말대로 성립되지 않는 경우도 있겠지만 대충 그럴 것이라고 생각해주었으면 한다.

죽고 싶지 않다면 죽은 척

애당초 곰과 마주쳤을 때 죽은 척하는 게 효과가 있다는 말은 고대 그리스의 자연주의자 아이소포스Aisopos, 통칭 이솝의 보고에 기초하여 파생된 것이다. 이것은 한 사례에 대한 보고에 불과할 뿐, 확실히 과학적으로 검증된 것은 아니다. 이 보고서에는 개미가 겨울을 대비하여 양식을 저장하는 사례나 베짱이가 바이올린을 연주한 사례 같은 흥미진진한 관찰 결과도 게재되어 있으므로 기회 있을 때 한번쯤 읽어보시라.

과학을 표방하는 동물학자의 한 사람으로, 검증되지 않은 '죽은 척' 사안에 대해 다시 검토해봐야 할 책임을 느낀다. 만약 예비지식이 없는 사람이 곰과 마주치면 허둥거리며 패닉에 빠질 것이다. 그러한 낭패 행동에 비해 죽은 척하는 편이 살아남을 확률이 높다면 이것도 유효한 전략의 하나라 할 수 있다.

그래도 죽은 척하는 것은 무모한 전략처럼 보인다. 어쨌든 적 앞에서 싸움을 포기하고 자신의 몸을 고스란히 노출하는 것이다. 하지만 이것은 실베스터 스탤론도 전투에서 사용한 유서 깊은 전술의 하나이기도 하다. 그의 업적은 자연계에도 널리 알려져, 야생동물이 이것을 채택한 사례 역시 발견되고 있다.

세계적으로 유명한 것은 주로 북미에서 사는 주머니쥐opossum의 경우다. 그들은 포식자에 의한 위기가 닥쳤을 때 죽은 척한다. 몸을 둥글게 말고 목각인형처럼 축 늘어진 채 입 밖으로 혀를 무방비하게 내민다. 헤벌레. 항문에서는 뭔가 초록색의 액체가 유출되고, 몸에서는 사취가 나며, 심박수도 저하된다.

영어에서는 죽은 척하는 것을 '플레이 포섬play possum'이라는 말로 표현한다. 주머니쥐인 척한다는 의미다. 북미에서는 주머니쥐를 포섬이라고도 부르는데, 그야말로 그들의 의사 행동에 기초한 표현이다.

포식자 앞에서 죽은 척을 한다는 것은 그야말로 잡아잡수세요, 하는 말이나 똑같다. 싫어, 싫어 하면서도 사실은 싫지 않은 마성의 여자라면 그런 방법도 있을지 모르지만 이래서는 접시 위의 밀푀유나 다름없다. 하지만 그렇게 생각하는 것은 좀 이르다.

이 세상에는 다양한 육식동물이 있다. 살아 있는 동물을 덮치는 여우도 있고, 죽은 동물을 먹는 독수리도 있다. 살아 있는 주머니쥐에게는 살아 있는 동물을 좋아하는 포식자야말로 두려움의 대상이다. 그런 무리들에게는 상처 입은 사체를 연기함으로써 자신이 먹이로서의 가치가 없는 것처럼 느끼게 만들 수 있다.

사체는 시간과 함께 부패되어 질적으로 열악해진다. 죽은 살을 분해하는 박테리아는 늘 독소를 분비한다. 콘도르 같은 사체 포식자는 독소에 대한 내성이 발달되어 있지만, 일반적인 포식자에게는 유해할 것이다. 포식자 앞에서 부패해가는 사체 흉내를 내는 것은 음식물로서의 가치를 저하시키는 효과적인 수단이라 할 수 있는 것이다.

사체 연기는 주머니쥐만의 것은 아니다. 시시바나뱀의 동료도 사취를 풍기고 사체 흉내를 내며, 일본의 너구리나 오소리도 그런 것으로 알려져 있다. 브라질의 무당개구리 동료들 중에서는 눈을 감고 팔다리를 벌려 벌러덩 누움으로써 자신의 비참한 죽음을 어필한다고 보고되어 있다. 만찬을 앞에 두고 창피를 당하더라도 그렇게 이상하게 죽은 개구리는 절대 먹고 싶지 않다. 죽은 척은 다양한 동물이 살아남기 위한 수단으로 채택한 레퍼토리 중 하나다.

불사조 전설의 정체

물론 우리 조류에서도 의사擬死는 채택되고 있다. 잘 알려진 것은 닭인데, 등을 밑으로 하고 몸을 압박하면 의사 상태가 된다. 새들 중에는 그렇게까지 하지 않아도 몸을 경직시켜 움직이지 않는 것도 있다.

포획 조사에서는 늘 새를 계측한다. 본인의 양해도 없이 몸을 측정하고 몸무게를 잰다. 인간이었다면 재판도 없이 앨커트래즈Alcatraz[11]행인 파렴치 행위다. 노니우스Nonius〔물체의 두께나 구球, 구멍의 지름 등을 재는 부척副尺이 달린 금속제 자〕나 자로 날개와 부리의 길이를 재는 것은 비교적 간단하다. 작은 새라면 왼손으로 감싸듯이 몸을 잡고 계측 부위를 바깥쪽으로 향한 후 노니우스를 대면 그만이다.

한편 몸무게를 재는 것은 약간 성가시다. 손에 쥔 채로는 몸무게를 잴 수 없기 때문에 봉지 같은 것에 넣고 체중계에 올린다. 때로는 봉지 안에서 몸부림치는 바람에 체중계가 불안정해져 욕설이 튀어나오거나, 또 어느 때는 봉지 틈으로 감쪽같이 도망치는 뒷모습을 보며 계측 작업을 쉬게 된 손을 바라보는 등 어떻게든 수고

◈◈◈◈

11 미국 샌프란시스코 만 안에 있는 작은 섬. '더 록The Rock'이라고 하는 악명 높은 연방 교도소가 있었는데, 여기서는 이 교도소를 말함

스럽다.

하지만 등을 밑으로 하고 살짝 내려놓기만 해도 얌전해지는 연구자 배려형 새도 있다. 물총새는 그런 종 가운데 하나이다. 하늘을 향해 눕게 만들면 그들은 몸이 경직돼 움직이지 못하게 되는 것이다. 접은 날개가 몸에 깔려 꼼짝 못하는 것인데, 그렇다고 다이어트를 고민해야 할 나이도 아닌 것 같다. 어쨌거나 다른 많은 새는 똑같이 놓아두면 곧바로 날개를 퍼덕이며 날아가버린다. 물총새 외에도 같은 움직임을 보이는 종류가 있고, 직박구리나 동박새 등도 지역이나 개체에 따라 같은 상태가 된다. 말하자면 준의사 상태다.

닭이든 다른 새든, 아무리 불면증에 시달리더라도 자발적으로 등을 밑으로 하고 깊은 잠에 빠지는 일은 없다. 그런데도 이런 행동이 진화한 배경에는 역시 포식자의 존재를 의심하지 않을 수 없다.

매나 여우 등에게 공격받은 새는 필사적으로 저항하며 반격한다. 하지만 물총새 대對 참매의 대결은 크라켄Kraken〔북극 바다에 산다고 알려진 전설적인 괴물로 일반적으로 거대한 문어나 오징어와 비슷한 종류라고 함〕에게 다리 대결을 요청하는 것과 똑같이 승부는 시작하기도 전에 결정되어 있다. 포식자는 날뛰는 사냥감의 숨통을 끊기 위해 급소를 노린다. 필사적인 저항은 불에 기름을 붓는 어리석은 행위다. 그런 사냥감이 저항을 멈추면 이는 포식자의 승리를 의미한다. 사냥감은 꼼짝 않는 식재료로 변해 제압할 필요도 없어질 것이다.

방심은 그때 생긴다. 이 순간이야말로 승리의 기회다. 숨통을 끊었다고 적이 방심한 순간 재빨리 도망치는 것이다. 위험한 도박이지만 죽은 척하는 새의 존재는 그것이 실행 가치가 있는 수단의 하나임을 시사한다. 닭의 경우 똑바로 눕혀 압박하는 것이 의사 상태의 방아쇠가 되는 것만 보아도 포식자의 개입을 이해할 수 있다. 실제로 고양이에게 습격을 당한 비둘기들이 이런 방법으로 생환하는 모습을 본 적도 있다.

피닉스는 불길 속으로 날아들어 죽었다가 다시 살아난 전설의 불사조다. 그 행동은 죽은 척했다가 회복하여 다시 날아가는 새의 모습과 중첩된다. 불사조 전설의 배경에 야생 조류의 의사 행동을 관찰한 결과가 있다고 생각하면 이것 또한 설득력이 있다. 다만 그들은 한 번 죽었으므로 불사는 아니다. 좀비나 강시가 고작이다.

거짓인가 참인가

죽은 척하기가 완전한 자살 행위가 아니라 구사일생하는 마지막 수단이라면 곰에 대해서도 단순한 이솝 우화가 아닐지 모른다. 동료인 곰 학자에게 배운 지혜와 함께 재고해보아야 한다.

혼슈 이남에 사는 반달곰은 식물을 좋아하는 잡식성의 동물이다. 과일이나 죽순, 도토리나 새싹 등 맛있을 것 같은 식물을 잔뜩 먹는다. 그런 한편으로 벌이나 소형 포유류 같은 동물을 공격하는 일도 있고, 죽은 동물을 먹는 경우도 있다고 한다. 포유동물의 기호에는 늘 개체 차이가 있는데, 곰 역시 마찬가지일 것이다.

상대가 식물질을 좋아하는 개체라면 먹이로서 인간을 공격하는 일은 드물 것이다. 다만 교차로에서 마주쳐 얼굴을 붉히며 사랑을 시작한 여고생과는 달리, 산에서 딱 마주친 인간이 날뛰면 놀라서 공격해올지도 모른다. 그런 개체라면 적의를 품지 않은 사체인 척하는 것이 효과를 거둘 가능성도 없지 않으리라 추측해본다.

한편, 죽은 동물을 먹는 개체라면 그래서는 안 된다. 야생에서는 우연히 일본 새끼 사슴 등의 사체를 발견하고 영양가 높은 사냥감 앞에서 요리사로서의 영감을 느끼는 개체도 있을 것이다. 그런 상대에게 죽은 척을 하면 그것은 평생의 실수가 된다.

종합적으로 생각해보면 상대에 따라서는 효과적인 경우도 있겠지만 사고 실험으로 얻은 가설일 뿐이다. 죽은 척하기도 효과적인 수단의 하나일 수는 있겠지만 현 단계에서는 역시 적극적으로 권할 수는 없고 그저 출발점에서 발만 동동거릴 뿐이다. 이것을 과학적으로 실증하기 위해서는 다양한 개성의 곰 앞에 허둥거리는 인간과 죽은 척하는 인간을 제시한 다음, 생존율을 비교하면 된다. 이러한 실험은 조류학자인 내가 할 수는 없으므로 포유류학자에게 맡기고 싶다.

연구자가 과학적인 옳고 그름에 대해 발언할 경우에는 지금까지의 실험을 통한 각오가 있는 것이라고 생각해주었으면 좋겠다. 말에는 영혼이 있고, 과학이라는 말을 경시하는 것은 그 말의 영혼에 대한 배신, 언젠가 과학에게 배신당하는 결과가 될 것이다. 다만 말의 영혼은 선택된 자에게만 모습을 드러낸다. 믿지 못하는 사람도 있겠지만 그것은 확실히 거기에 있는 것이다.

5장

조류학자, 무엇을 두려워하는가

열대림에서
걷는 방법

브루나이

말레이시아

인도네시아

보르네오 섬
(3개국에 걸쳐 있다)

태초에 말씀이 있었으니

두 사람 앞에 펼쳐진 5인분의 정식. 나와 상사는 어찌할 바를 모르고 있었다. 방심했다. 여기는 일본이 아니었던 것이다. 적도에 걸친 동남아시아의 섬나라, 인도네시아였다.

일본과 비교하면 인도네시아의 물가는 싸다. 10년쯤 전에는 지방을 가면 일본 엔화로 100엔 조금 안 되는 돈으로 한 끼를 맛있게 해결할 수도 있었다. 때로는 고추 때문에 인도네시아 학생조차 너무 맵다고 화를 내며 고추를 공격하는 장면도 있었지만, 그의 나라 요리는 내 입에 딱 맞아 행복한 시간을 보냈었다.

그렇지만 자바 섬 내부에 위치한 수도 자카르타는 도시이고, 그런 만큼 물가도 비싸, 가게에 따라서는 일본과 다름없는 가격인 경우도 있다. 그날 상사와 함께 작은 식당에 들어간 나는 메뉴를 보면서 적당히 다섯 가지 요리를 주문했다. 나는 조사를 위해 보르네오 섬을 찾는데, 조사 허가를 얻기 위해 오가는 길에는 자카르타에 들를 필요가 있었던 것이다.

막 조사를 위해 왔을 무렵의 우리는 인도네시아 말이 엉망, 사람 좋아 보이는 인도네시아인 종업원은 영어도 일본어도 진창. 우리의 대화는 해면과 불가사리의 소통만큼 엇갈렸던 것이다. 가격을 보고 단품요리라고 생각했던 것은 통한의 실수. 그야말로 완전한 정식이었을 줄은 몰랐다.

틀림없이 그는 말렸을 것이다. 분명, 우리의 웃음은 문제없다는 것처럼 보였을 게 틀림없다. 말도 못하면서 마음만으로 의사가 통한다는 것은 영화 속에서나 볼 법한 꿈 같은 이야기다. 쌀 한 톨에 농부의 온갖 정성이 들어 있다고 믿는 나는 차려진 식사는 남기지 말고 먹어야 한다는 주의다. 나보다 나이 많은 상사에게는 기대할 수 없다. 얼굴에는 미소, 눈에는 눈물을 글썽거리면서 세계를 석권한 '아껴 쓰기' 정신으로 4인분을 다 해치운 나를 칭찬해주고 싶다.

일본인은 영어를 못한다고 흔히들 말하는데, 인도네시아 사람 중에도 영어고충주의자가 많다. 두 나라가 우호적인 국제관계를 유지하고 있는 배경에는 이와 같은 동류의식도 있는 게 틀림없다.

마음이 작은 나는 외국인이 일본에서 당연한 것처럼 영어로 말을 걸면 암담해진다. 현지에서는 현지 말로 하려는 노력을 보여주시라. 사교적으로 웃고는 있지만 속으로는 욕설을 내뱉던 나를 떠올리며, 식당 포식 사건을 계기로 나는 서툴게나마 인도네시아 말을 배웠고, 이 나라에서의 조사에 힘쓰게 되었다.

남쪽 나라 숲의 일상

보르네오 섬 남동부에 있는 도시, 발릭파판 근교의 삼림이 조사지였다. 여기에는 보호지구의 원시림을 중심으로 목재 벌채 후에 성립된 이차림二次林, 식림지植林地, 초지, 농지 등이 모자이크 형태로 펼쳐져 있다. 나는 인도네시아과학원과 지방 대학의 연구자들과 공동으로 이 지역 조류에 대한 조사를 실시했다.

숲속 조류의 다양성을 밝히기 위해 새의 포획 조사를 했다. 공동 연구자와 함께 차를 타고 질척한 험로를 넘어 조사지로 갔다. 새그물로 새를 잡고 발찌를 채웠다. 숲 구조의 차이에 따른 조류 차이를 평가하는 것이다.

새그물은 폭 12미터의 커다란 그물이다. 새가 다니는 길목에 펼쳐놓고 거기에 걸린 새를 잡는 것이다. 이것을 설치하기 위해 우선 숲속의 잡초와 키 작은 나무를 베어 작은 길을 만든다. 나는 일본에서 가져온 손도끼를 이용해 작업했다. 칼날이 30센티미터 정도 되는 표준적인 손도끼다.

인도네시아 칼은 파랑parang이라고 불리는데 일본 것보다 두 배정도 긴 칼날을 가지고 있다. 차의 강판 같은 것을 이용해 파랑을 직접 만드는 경우도 있는 모양이었다.

"왜 그렇게 칼날이 긴가요? 그러면 비좁은 숲속에서는 거추장스러울 것 같은데."

"짧으면 상대의 목까지 닿지 않으니까요. 쓰러트린 상대의 머리털은 장식으로 손잡이에 다는데 멋집니다."

옛날에 그랬다는 거겠지? 내 것은 작업 도구이고, 그들 것은 무기. 용도가 다른 것이다. 그리고 파랑을 들고 내 뒤에 서지 말아주시길.

인도네시아와 일본은 요모조모 다르다. 일본에서는 나무의 키가 20미터쯤 되면 훌륭한 나무숲이라고 칭찬하는데, 열대림에서는 50미터 이상인 것도 드물지 않다. 초대 고질라의 신장과 맞먹고, 복족류라면 올라가는 도중 세대교체가 이루어질 법한 거리다. 이만큼 다르다면 지상과 나무 위는 다른 생물상을 가지고 있을 것이다. 이 때문에 여기다 싶은 장소에는 수관樹冠〔나무의 가지와 잎이 달려 있는 부분으로 원 몸통에서 나온 줄기. 즉 뿌리를 제외한 지상의 대기 속에서 생장하는 나무 모양을 가리킴〕조사용 높은 타워가 설치된다. 목조 타워는 한 걸음 딛을 때마다 삐걱거리고, 사다리 발받침은 썩어 있어서 스릴 만점이다. 일부러 유원지까지 가서 절규 머신을 타는 사람들은 열대 연구자가 되면 좋으리라.

스케일이 큰 숲에는 그만큼 많은 종이 서식하고 있다. 그런 장소에서는 일본의 개념이 통용되지 않는다.

일본의 조류는 종수가 적고 예의가 바르다. 있어야 할 곳에 있어야 할 종이 품성 좋게 생식하고 있다. 덤불에서는 휘파람새가 놀고, 나뭇가지에서는 박새가 벌레를 잡아먹으며, 공중에서는 황금새가 날아다니는 곤충을 포획하고, 나무줄기에서는 청딱따구리가 나무에 구멍을 판다. 같은 공간 안에서도 저마다 다른 자원을 이용함으로써 공생하는 모습을 볼 수 있는 것이다. 이러한 '서식지 분화'는 자원이 부족한 지역에서 볼 수 있는, 콩 한 쪽도 나눠 먹는 식의 미담이다.

열대는 생산성이 높다. 식물들은 차고 넘치는 해님의 빛을 눈부시게 받아들이고, 남아도는 시간을 못 이겨 광합성을 한다. 1년 내내 따뜻하기 때문에 겨울이면 생장을 멈출 필요도 없고, 말라 죽은 나무의 분해도 빠르다. 과일도 곤충도 풍부해 이것을 먹는 새도 배가 부르다. 그 결과 비슷한 새가 서식지를 분화할 필요도 없이 몇 종류씩이나 같은 곳에서 생식한다. 일본에서의 연구가 우물 안 개구리였음을 알게 된다.

그런 다양성 높은 숲이다. 새그물에는 박쥐, 쥐, 다람쥐, 나무두더지 등 다양한 동물이 걸려 성가시기 그지없다. 어느 날의 일이다. 엄지손가락만 한 커다란 벌이 그물에 걸렸다. 더위에 지친 나는 실수로 이것에 찔렸고, 내가 아는 모든 욕설과 함께 독을 빼내며 몸과 마음을 정화했다. 그때 나도 모르게 학생에게 일본에서는 벌의 유충을 먹는다고 말하고 말았다.

학생들이 술렁대기 시작했다. 새에 대한 것은 잊은 채 벌을 찾기 시작했고, 벌집을 들쑤시며 습격했다. 한 손에 벌집을 들고 미소를 띤 채 오물오물 유충을 먹기 시작하는 그 모습은 왠지 자랑스러운 듯했다. 새롭게 얻은 정보를 즉시 검증해보는 자세에 젊은 연구자로서의 전도유망함을 느낀 순간이었다.

쓸데없는 동물도 걸렸지만 우리는 착실히 새의 포획을 거듭해갔다. 열대답게 화려하고 아름다운 새가 걸리면 더욱 흥분했고, 백 마리쯤 되는 무리가 한꺼번에 걸리면 지긋지긋해했다. 작은 새와 그 작은 새를 공격하던 매가 함께 포획되어, 도요새와 조개를 한꺼번에 잡은 어부의 심정을 맛본 적도 있었다. 때로는 숲속에서 불법 벌채의 흔적을 보고 슬픈 감정을 느낀 적도 있었지만, 일본에서는 해볼 수 없는 경험을 축적해가는 충실한 나날이었다.

인생무상의 울림

왜일까? 눈앞에 망막한, 불탄 벌판이 펼쳐져 있었다. 혹시나 전국 시대로 시간여행을 온 것일까? 반년 전, 확실히 이곳은 이차림이었다. 흐음, 어쩌면 조사지가 깨끗이 소멸된 모양이었다. 삼림은 이산화탄소와 물로 회귀하여 내 인식에서 사라져버린 듯했다.

영화에서는 자주 최초의 사건 발생 전까지는 뭔가 있는 듯 거드름을 피우지만 그 후에는 잇따라 이벤트가 발생한다. 이런 일은 어차피 영화에서나 있는 일이라고 생각했는데, 어쩌면 그렇지도 않

은 모양이다. 원치 않던 변화들이 하나둘 계속 눈앞에 나타났던 것
이다.

나무를 심어두었던 조사지가 갑자기 커피 농장으로 바뀌었다.
숲의 조사지는 불법 석탄 채굴로 황폐해졌고, 치안이 악화되어 출
입 금지 지역이 되어버렸다. 이것이 인도네시아에서 하는 야외 조
사의 묘미다.

동남아시아의 열대림에서는 삼림의 감소가 현저하다. 보르네오
섬에서는 삼림 면적의 비율이 1950년 무렵에는 90퍼센트 이상이
었지만 현재는 50퍼센트 이하가 되었다. 일본의 삼림률이 1960년
대 이후 약 70퍼센트를 유지하여 세계에서도 손꼽히는 수준인 걸
생각한다면 그 속도가 놀랍다.

삼림 감소의 배경에는 불법 벌채와 마구잡이식 화전, 농지 개발,
석탄 채굴 등이 있다. 이는 내가 눈으로 본 현상이었다. 불법 벌채
는 양질의 수종을 선택적으로 채집하는 경우가 많아서 그 자체만
으로는 삼림 면적이 감소하지 않는다. 하지만 벌채를 위해서는 길
을 만들어야만 숲속으로 들어가기 쉽고, 그 바람에 다른 불법 행위
가 계속 발생하는 것이다.

물론 불법적인 화전이나 석탄 채굴에 대비하여 삼림감독관은
눈을 반짝이며 순찰한다. 하지만 넓은 숲 안에서 발생하는 불법 행
위를 몇 명의 삼림감독관이 단속한다는 것은 세계 각지에 출몰하
는 루팡 일당을 쫓는 사이타마 현경 같은 꼴이므로 당연히 한계가
있다.

내가 인도네시아를 오간 5년, 이 얼마 되지 않는 기간의 한정된 조사지 안에서조차 삼림 감소를 일으키는 각종 현실과 마주쳤다는 것은 이 문제의 심각함을 느끼게 만든다.

인도네시아를 포함한 동남아시아는 일본 새와의 연관성이 깊다. 일본의 봄여름을 장식하는 철새, 즉 여름새들의 월동지가 되는 것이다. 초여름의 숲을 떠들썩하게 만드는 할미새사촌이나 긴꼬리딱새, 밤에 호오호오 하고 우는 솔부엉이, 내 연구 대상이기도 한 붉은해오라기 등 다양한 새가 동남아시아에서 겨울을 지낸다.

20세기 후반, 일본에서 번식하는 다양한 여름새의 감소가 보고되었다. 그런 한편으로 1년 내내 일본에서 지내는 새에 대한 현저한 감소 경향은 찾아볼 수 없었다. 이것으로 보아 월동지의 삼림 감소와 철새 중계지에서의 남획이 일본 여름새에게 영향을 미친 듯하다. 일본의 친밀한 새를 지키기 위해서는 국내 보전만으로는 충분치 않은 것이다.

그렇다고 해서 목소리 높여 열대림 보전을 외쳐봤자 사태가 호전되는 것은 아니다. 계속해서 태어나는 에이리언과 대치하는 것이라면 각개 격파는 무모하다. 우선 여왕을 해치워 수도꼭지를 잠가야만 한다.

열대림 감소의 배경에는 경제적인 문제가 있다. 어느 나라에서든 불법 행위에는 커다란 위험부담이 따르기 때문에 하지 않아도 되면 하지 않고 싶을 것이다. 하지만 충분한 직장이 없으면 충분한 임금이 없으면, 자신도 가족도 먹고살 수 없다. 삼림을 양식으로 삼는 것도 선택지 가운데 하나가 아닐 수 없다.

세계는 동그라미 구조로 이루어져 있다. 중심에는 개인이 위치하고, 이것을 가족이 둘러싸고 사회가 둘러싸고 국가가 둘러싸고, 자연환경이 감싸고 있다. 중심을 향해 부하가 걸리고, 안쪽이 불안정하면 바깥쪽이 유지되지 않는 세계이다.

만약 사회에 좀비가 만연한다면 우선 살아남는 게 최우선이지 환경 보전 같은 것은 안중에도 없을 것이다. 굶고 있는 가족을 위해서라면 설령 멸종 위기종의 마지막 한 마리라 해도 잡아먹음으로써 주린 배를 채울 것이다. 환경 보전은 경제나 치안 모두 안정된 사회에서나 안심하고 추진할 수 있는 것이다.

아무리 불황과 불경기가 신문지상을 떠들썩하게 만들어도 일본이 경제적으로 풍부한 나라임은 틀림없다. 식당 포식 사건의 추억은 그 싼 가격을 지탱하는 경제 구조가 언젠가 조사지 소실을 동반한 세계 규모의 삼림 감소로 이어진다는 것을 가르쳐주었다.

세계 전체의 온실 효과에 의한 가스 배출량 가운데 삼림 감소에 따른 것은 약 20퍼센트나 된다. 세계 평화와 경제적 안정이야말로 생태계 보전의 초석인 것이다.

에이리언
신드롬

흰눈썹웃음지빠귀
(화미조)

세계 여러 나라의 안녕을 위하여

돌발성 '카루' 증후군을 일으켰다.[1] 오가사와라에서의 출장 조사
도중 강렬한 발작이 덮쳐 와 잠시 안정을 취했는데도 가라앉을 기
미가 안 보였다. 이러면 곤란하다. 메이지의 카루를 먹고 싶어서
견딜 수가 없었다.

◆◆◆◆

1 카루는 일본의 제과업체인 메이지에서 만든 과자의 이름

나는 머릿속이 아찔해질 정도로 카루를 좋아한다. 물론 치즈 맛이다. 그 위턱 안쪽에서 퍼지는 고무락고무락거리는 느낌을 참을 수 없다. 증상을 완화시키기 위해 조사 후에는 매일같이 가게로 가서 카루를 구입한다. 이것은 어디까지나 치료의 일환이다.

과자 코너의 보물이라고도 불리는 메이지 카루의 주원료는 옥수수, 중남미 원산의 외래 생물이다. 그녀에게 바치는 새빨간 장미는 유라시아 대륙 동부 원산, 그녀의 무릎에서 몸을 둥글게 말고 있는 새끼 고양이는 중동 원산, 소도, 닭도, 벼도, 밀가루도 일본에서는 모두 외래 생물이다. 외래 생물 없이 현대의 생활은 성립되지 않는다.

그런 한편으로 나는 외래 생물을 상대로 매일 밤 전투를 반복한다. 외래 생물이 재래 생물에 악영향을 미치고 있기 때문이다. 그렇다고 해서 옥수수를 몰아내기 위해 카루 사냥을 하는 것은 아니다. 오히려 지속적인 공급을 기대하며 부지런히 매상에 공헌하고 있다. 애당초 인간에게 은혜를 베풀기 때문에 인간은 생물을 계속 들여오는 것이다.

외래 생물이라도 순조로운 관리하에 있다면 특별히 문제될 것은 없다. 우주에서 수입한 화성인도 팩에 넣어 과자 코너에 전시하면 적을 만들지 않는다. 하지만 탁월한 화성인이 야생화하면 거리는 불길에 휩싸이고 인류는 서서히 전멸해갈 것이다. 외래 생물은 인간의 관리에서 벗어남으로써 위협적인 존재가 되는 것이다.

외래 생물은 생물의 다양성에 위협이 된다. 오키나와에서는 몽

구스가 얀바루흰눈썹뜸부기를 잡아먹어 멸종 위기로 몰아넣었다. 호수와 늪에서는 블랙배스가 재래종 어류를 다 잡아먹는다. 그렇다면 왜 생물 다양성을 지켜야 하는 것일까? 생물다양성기본법을 보지 않고 생물 다양성을 이야기하는 것은 루팡 3세를 보지 않고 은행 강도를 하는 것이나 마찬가지다. 그래서 법률을 읽어보니 이렇게 쓰여 있었다.

'우리는 인류 공통의 재산인 생물의 다양성을 확보하고, 그것이 가져온 혜택을 미래에도 향유할 수 있도록 다음 세대에게 물려줄 책무를 갖는다.'

알지도 못하는 무인도에서 작은 새 한 마리가 멸종되었다고, 세계 정세나 국민의 가계부에 아무런 영향을 주지 않는다. 바람이 불어도 바람개비만 좋아할 뿐 통장수는 돈을 벌지 못한다. 그래도 다양한 생물을 보전해야 하는 단순한 이유는 그것이 인류의 재산이며 그것을 지키는 것이 국민의 책무이기 때문이다.

싸워라, 재래종 방위군

외래 생물 문제에서 조류는 주로 피해자로 활약해왔다. 하지만 때로는 새가 외래 생물로서 가해자가 되는 경우도 있다. 흰눈썹웃음지빠귀는 그러한 가해자 중 하나다. 이 새는 하와이에서 야생화되어, 현지 재래종의 생식을 압박하는 것으로 알려져 있다. 그런 새가 일본의 숲에도 침입했다.

흰눈썹웃음지빠귀는 온몸이 갈색이고, 눈 주위에 곡옥曲玉 같은 하얀 문양이 있어서 이름에 걸맞은 새다. 아시아 대륙 원산으로 원산지에서는 인기 있는 애완용 새다.

사육되는 이유는 그 목소리에 있다. 동아시아에서는 새 울음소리로 경쟁하고 이를 감상하는 문화가 있어서 높이 지저귀는 흰눈썹웃음지빠귀를 좋아한다. 하지만 일본에서는 주택 사정상 그 울음소리가 너무 컸던 듯 그다지 인기를 끌지 못했다. 수수한 갈색의 모습도 애조가들의 관심을 사로잡을 수 없었을 것이다. 햇볕에 잘 그을린 인어라면 연갈색의 피부와 함께 언제나 여름 색깔인 바람을 쫓아가고 싶어질 테지만[2] 애완용 새로서 갈색은 그다지 인기 없는 색깔이다. 고의인지 사고인지는 확실하지 않지만 그들은 사육되던 곳에서 빠져나와 1980년대부터 간토, 규슈, 도호쿠 등에서 동시다발적으로 야생화했다.

흰눈썹웃음지빠귀가 야생화한 곳은 숲이다. 일본 내에서는 지금까지 100종 이상의 외래 조류 야생화 기록이 있는데, 대부분은 농경지나 주택지 같은 인위적 교란 지역에서의 현상으로, 자연도가 높은 숲에 정착한 경우는 적다. 게다가 이 새는 하와이에서 어두운 과거를 가진 실력자이다. 유도라면 검은 띠, 회사라면 부장 보좌, 과자가게라면 베이비스타라멘급의 외래 생물이다. 일본의 조류 다

❖ • ❖❖

2 일본의 가수인 마쓰다 세이코가 1982년 발표한 〈연갈색의 머메이드〉라는 노래 가사의 일부

양성을 위협하는 존재는 반드시 처치해야만 한다.

생태계 보전을 추진하려면 국민의 인식을 높일 필요가 있다. 외래종인 흰눈썹웃음지빠귀의 이름은 조류도감에도 거의 등재되어 있지 않아 그 위협에 대한 의식이 희박하다. 이웃이 우주인인 것을 모르면 지구방위군도 아무런 쓸모가 없다. 대책을 실시하려면 우선 그 존재를 인식해야만 하는 것이다.

흰눈썹웃음지빠귀는 숲속 덤불로 침입했다. 일본에서 덤불 생식을 하는 대표적인 새는 울음소리로 친밀한 휘파람새다. 게다가 두 종 모두 곤충을 잘 먹는다. 경쟁에 의해 압박을 받는다면 제일 먼저 이 새일 것이다.

흰눈썹웃음지빠귀는 눈매가 다소 사나워 인상이 안 좋다. 그런 새가 일본의 소울 버드에게 악영향을 미칠 가능성이 있다. 이것은 심각한 사태다. 나는 이를 강력히 호소하여 연구비를 받아냈고, 매스컴을 통해 권선징악적인 발표를 했다.

'일본의 재래종에 악영향을 미치는 외래 조류를 용서해서는 안 된다!'

흰눈썹웃음지빠귀를 포획하여 발찌를 채운 후 다시 놔주고는 그 행동을 추적했다. 둥지를 찾아 번식하는 모습을 관찰했다. 아직 일본에서의 정착 역사가 짧은 흰눈썹웃음지빠귀의 생태에 관한 국내 정보는 단편적이었다. 우선은 기초적인 정보를 명확히 하고 그 영향을 탐구해야만 했다.

울음소리를 감상하기 위해 사육되었던 만큼 그들은 야외에서도 잘 운다. 자기 영역에 대한 의식이 강하기 때문에 큰 울음소리로 인근의 개체들에게 자기 영역임을 선언하지만, 그 모습은 마치 도장 깨기를 하러 온 무법자처럼 흉포하고 사납다. 흰눈썹웃음지빠귀는 다른 새의 울음소리를 흉내 내기도 한다. 자주 진기한 새의 울음소리를 흉내 내어 나를 속였기 때문에 개인적인 원한도 많다.

이들의 생태를 밝히는 것과 동시에 무엇보다 일본의 새에 대한 영향을 밝혀야만 한다. 흰눈썹웃음지빠귀의 밀도가 높은 장소와 낮은 장소, 아직 침입하지 않은 장소에서 재래종 새의 밀도를 조사했다. 물론 흰눈썹웃음지빠귀가 많이 서식하는 장소에서는 예상대로 휘파람새를 중심으로 한 재래종 새의 개체 수가 적…지 않았다….

어라? 혹시 면죄부?

겉만 봐선 알 수 없다

외래 생물의 영향은 다양한 형태로 발현된다. 그중에서 특히 주목을 받는 것이 포식과 경쟁에 의한 영향이다. 포식이 늘 보전상의 문제가 된다는 것은 앞서 말한 대로다. 그런 한편으로 조류의 경우 경쟁의 영향이 표면화하는 경우는 적다.

새들은 생태계 안의 자원을 둘러싸고 경쟁한다. 특히 그 대상이 되는 자원은 먹이다. 하지만 많은 새들이 먹는 것은 곤충이나 과일 같은 풍부한 자원이다. 몹시 특수하고 한정된 자원을 대상으로 하지 않는 한 경쟁에 의해 쉽게 고갈되는 일은 없다.

흰눈썹웃음지빠귀는 큰 목소리로 넉살 좋게 지저귀는 모습이 두드러지기 때문에 무심코 악영향에 대해 상상하고 만다. 얼굴도 무섭게 생겨서 당연히 악영향이 있으리라는 선입견이 작동한다. 하지만 잘 우는 것은 자기 영역을 지키려는 의식이 강하기 때문이다. 자기 영역을 지키려는 의식이 강하다는 것은 각자의 장소에는 특정한 한 쌍밖에 존재하지 않아 생식 밀도가 일정 수준 이상으로 높아질 수 없다는 의미다.

확실히 새로운 새가 늘어나면 그만큼 자원이 소비되고, 영향 역시 아주 없지는 않다. 하지만 그런 한편으로 새는 기타 다양한 영향으로 개체 수를 늘리고 줄인다. 철새는 국외의 환경 변화가 원인이 되어 개체 수가 변동한다. 야생동물은 태풍의 직격, 가뭄이나 건조화, 국지적인 개발 등의 다양한 영향에 늘 노출되어 있다. 고작 두 마리의 작은 새가 추가되는 정도의 영향들은 다른 영향에 묻혀버릴 것이다. 하와이에서의 전과前科와 외형에서 오는 선입견으로 잘못 예측했던 것이다.

아무튼 나는 재래종에 악영향을 미치기 때문에 외래종을 용서할 수 없다고 주장해버렸다. 만약 그렇다면 악영향이 없을 경우 외래종이 있어도 상관없는 셈이 되고 만다. 하지만 그렇지는 않다. 나는 젊은 혈기만 믿고 잘못된 인식을 공공연히 떠들고 말았다. 잘못한 것은 권선징악적인 구도로 대책의 필요성을 선동한 것이다. 찬성표를 얻기 쉽다는 이유로 안이한 설명을 한 나를 맹렬히 반성한다.

발탄 성인이 침략했으니 맞서 싸워야 한다는 것은 단순하고 알기 쉽다. 이 때문에 연구자도 늘 그렇게 선동하고, 매스컴도 그 단순한 구도를 환영한다. 확실히 악영향을 미치는 침략적인 외래종은 조기에 대책을 세워야만 한다. 하지만 영향의 크고 작음은 대책의 근거가 아니다. 그것은 어디까지나 대책의 우선순위를 세우는 기준의 하나에 불과하다. 외래종은 재래종에 악영향을 미치지 않더라도 역시 있어서는 안 되는 것이다.

일본에 산토끼가 있고, 달에 달토끼가 있다고 치자. 각각의 종을 번갈아 야생화시키고 공존하게 만들 수 있다면, 일본에도 달에도 2종의 토끼가 있게 된다. 이 경우에는 각 지역에 있는 생물의 종수가 두 배로 증가한 만큼 특별히 문제가 없어 보인다.

하지만 그런 한편으로 지역 생물상의 독자성을 잃어버렸다는 사실을 깨달을 수 있을 것이다. 원래 상태에서는 지구와 달 각자가 다른 독자의 생물상을 가지고 있었지만, 두 종이 공존한 후에는 두 지역 생물상이 같아진다. 설령 한 종도 멸종되지 않았더라도 지역마다 고유한 생태계가 있다는 다양성이 사라진 것이다. 외래 생물 문제는 멸종 없는 침략이라는 글로벌라이제이션globalization에 의한 세계 균질화의 문제를 잉태하고 있다.

외래 생물 문제가 아직 사회에 침투되지 않았던 시대에는 권선징악을 선전하는 것도 필요했다. 하지만 사회적으로 논의가 성숙되고 문제를 충분히 인식하게 된 현대에 있어서, 선악 이원론적 도식을 강조하는 것은 한 발만 어긋나도 외래종의 용인으로 연결되는 양날의 검이다. 인식의 고도화에 맞춰 문제의 본질에 대한 보급을 한 걸음 더 전진시킬 수 있는 시기가 왔다고도 할 수 있으리라.

결국 흰눈썹웃음지빠귀에 의한 일본 내에서의 생태계 영향은 지금도 표면화되지 않았다. 또한 넓은 숲에 정착한 새를 제거하는 일은 현실적으로 어려워 솔직히 대책을 세울 수도 없다. 그런 사정도 있고 해서 나는 흰눈썹웃음지빠귀 연구에서 손을 뺐다. 연구 시간과 노력도 한계가 있는 자원이므로 보다 긴급한 과제에 힘을 쏟아야만 한다. 영향이 적고 대책 마련이 어려운 종의 우선순위를 밑으로 내리는 것도 역시 보전 전략의 일환이다. 이렇게 내 안의 흰눈썹웃음지빠귀 광시곡은 반성과 함께 종말을 맞이했다.

그런 생각을 하면서 매일 카루를 먹다 보니 가게에 있는 카루를 다 먹어치우고 말았다. 오가사와라로 오는 배는 6일에 한 편밖에 없기 때문에 다음번 짐을 들여오기 전까지는 잠시 기다려야만 한다. 나도 곤란하지만 지방의 카루 중독 여러분에게 어떻게 사죄하면 좋을지. 섬의 중요한 자원을 다 먹어치우다니, 마치 침략적인 외래 생물의 행위 그 자체인 것이다.

마음속으로 재래 카루 중독자에게 사죄하면서도 금단 증상이 나타난 나는 비슷한 모양의 과자로 대충 때우기로 했다. 하지만 이게 예상 외로 달다! 먹고 싶었던 것은 이게 아니었어. 가공할 만한 옥수수 수프 맛이었다고!

과자도, 외래종도 겉만 보고 판단해서는 안 된다. 이 교훈을 가슴에 새기고 나는 또 한 걸음, 과자의 길로 한 걸음 내딛었다. 좋아, 다음에는 양배추타로 과자로 하자.

나
여기 있어요

오가사와라직박구리

조류학자는 스토커?

인간은 어떤 자극에도 익숙해질 수 있는 생물이다. 사랑을 해본 적 있다면 누구나 이해할 것이다. 처음에는 그저 바라보는 것만으로도 행복하다. 하지만 그것만으로는 만족할 수 없게 된다. 수첩을 훔쳐 이름을 알고, 뒤를 미행하여 주소를 알아내며, 인터넷에 침투하여 사생활을 고스란히 파헤친다. 그것이 어른의 사랑이라는 것이다.

나도 옛날에는 그저 새를 바라보는 것만으로도 행복했다. 집 근처의 직박구리에게조차 마음을 주었다. 하지만 그것으로 행복할 수 있었던 시대는 지나고, 보다 강한 자극을 찾아 연구에 발을 디뎠다. 사랑하는 마음에 시달려 스토킹을 하는 것은 자연스러운 충동이다. 상대를 더 깊이 알고 싶다는 순수한 지식욕은 연구자의 본능이라 할 수 있다. 목표물이 여성이 아니라 정말 다행이었다.

동기도 행위도 비슷하지만, 스토커와 연구자 사이에는 차이점이 있다. 스토커는 성과를 자신을 위해 사용하지만 연구자는 성과를 대중에 공개함으로써 연구를 완성시킨다. 자칫 한 발을 잘못 디디면 스토커와 노출광이 합쳐진 복합 범죄자이지만 성과의 공표야말로 연구자의 아이덴티티이다.

앞서도 말했지만 조류학은 독으로도 약으로도 쓸 수 없는, 고상한 연구 분야이다. 새가 무엇을 먹든 어디를 날든, 사회나 경제에 아무런 영향이 없다. 덕분에 일반 영리 기업에서 연구에 몰두하는 일은 거의 없다고 말할 수 있다.

그런 분야이기 때문에 연구에는 세금이 투입된다. 국민 여러분, 정말 고맙습니다. 성과를 논문으로 만들어 공개함으로써 세상에 환원하는 것은 연구자에게 주어진 당연한 의무이다. 그러나 학술 잡지는 과학의 발전에는 기여하지만 일반인의 눈에 띄는 일은 거의 없다. 실질적인 스폰서인 국민이 성과물을 볼 기회가 없는 것이다. 참으로 안타까운 일이다.

그래서 연구자는 보도 자료를 배포한다. 연구 성과를 알기 쉽게 써서 매스컴을 통해 보도하는 것이다. 신문의 사회면이나 과학 면에서 볼 수 있는 작은 학술 기사는 연구 자료 출자자인 국민 여러분에게 드리는 영수증인 것이다.

사실은 옛날부터 좋아했습니다

오가사와라 제도는 북부의 오가사와라 군도와 남부의 화산 열도로 이루어져 있다. 전자는 사람이 살고 정기 항로도 있지만, 자위대 기지밖에 없는 화산 열도를 방문하는 일은 어려워 새의 연구는 거의 진행하지 못한다.

그러한 오가사와라 군도와 화산 열도에는 직박구리가 있다. 각각 오가사와라직박구리와 큰부리직박구리라는 고유 아종이다. 둘다 혼슈의 직박구리보다 짙은 갈색이고, 큰부리직박구리는 약간 부리가 크다. 그들의 모습을 처음 보았을 때는 다른 집단으로부터 고립되어 진화한 소중한 새구나 싶어서 고맙게 생각했다. 하지만 그런 마음은 처음 얼마 동안뿐이었다.

직박구리는 전국의 주택지에 서식하는 평범한 새다. 정원의 꽃을 먹고, 세탁물에 똥을 싸대서 전국적으로 싫어한다. 갈색의 모습은 아름답지도 않고 목소리도 그냥 시끄럽기만 해서 칭찬할 만한 구석을 찾기 어렵다. '건강한 아이예요' 하는 말은 반드시 칭찬의 말만은 아닌 것이다.

오가사와라의 직박구리는 크기도 행동도 혼슈의 직박구리와 별차이가 없다. 오가사와라 브랜드라서 프리미엄을 갖고 있지만 특

수한 진화를 한 것 같지도 않다. 솔직히 말하자. 나도 그다지 흥미
는 없었다.

　나는 1년에 한 번 정도 화산 열도에 갈 기회가 있지만 조사 기간
이 짧아 별다른 조사는 하지 못한다. 게다가 화산 열도에 자연분포
하는 육지 새는 단 7종밖에 되지 않는다. 그런 상황에서 할 수 있
는 일은 한정되어 있다. 새를 포획하여 DNA 분석용 혈액 샘플을
채취하는 것은 가능한 조사 가운데 하나다. 개체 수가 적은 새의 포
획은 어렵지만 평범한 직박구리라면 쉽게 잡을 수 있다. 이러한 경
우에는 소거법적으로 대상을 압축하는 것도 어쩔 수 없는 일이다.

　DNA 분석은 현대 생물학을 지탱하는 중요한 방법인 동시에 편
리한 방법이기도 하다. 물론 분석에는 나름대로의 테크닉이 필요
하지만 타당한 방법을 사용하면 반드시 결과가 나와서 대상 생물
의 계통을 추정할 수 있다. 특히 흥미진진한 가설을 세우지 않더라
도 일단은 샘플만 있으면 결과를 얻을 수 있는 것이다.

　하나하나 떼어내면 캐릭터가 약한 아이돌이라도 그룹으로 묶으
면 인기를 모은다고 모리 모토나리毛利元就가 말했다.[3] 한 번의 조사
에서 포획할 수 있는 개체 수는 적지만 4년 정도에 걸쳐 화산 열도
각 섬의 샘플을 수집했다. 그리고 오가사와라 군도의 샘플과 합쳐
해석하여, 직박구리의 유래를 밝히기로 했다. 큰 기대는 하지 않았

◆◆◆◆

3 일본 전국 시대 무장인 모리 모토나리의 '화살이 하나면 쉽게 부러지지만 세 개를 합쳐놓
으면 쉽게 부러지지 않는다'는 유명한 말을 빗댐

지만 결과는 의외였다.

오가사와라 군도의 직박구리는 지리적으로 가까운 이즈 제도 부근에서 남하한 것으로 여겨졌다. 하지만 분석 결과는 이들이 오키나와 남부에 있는 야에야마 제도의 직박구리에서 유래한 것임을 보여주었다. 일본의 서쪽 끝에서 동쪽 끝을 향해 1,800킬로미터, 달의 반지름 정도의 거리를 날아온 것이다. 진무 천황의 토착 세력 진압을 위한 동방 정벌조차도 직선거리로 500킬로미터가 채 되지 않았으므로 대단한 거리다.

일반적으로 새는 남북으로 날기 때문에 동서 방향으로의 이동은 드물다. 계절 변화에 따른 남북 이동은 합리적이지만 같은 위도에서의 이동은 별 의미가 없기 때문이다. 합리적인 이유가 없어도 분석 결과는 거짓말을 하지 않는다. 드물기 때문에 더욱, 그 후 고립된 집단으로서의 독자성을 가진 것이라고 말할 수 있으리라.

한편 남쪽에 위치한 화산 열도의 큰부리직박구리는 혼슈 또는 이즈 제도에서 유래했다. 그리고 오가사와라 군도와 화산 열도 사이에서는 아무런 교류가 없이 유전적으로 다른 집단이 되었다. 군도와 화산 열도 사이는 고작 160킬로미터, 새가 바람만 잘 타면 몇 시간 만에 도달할 수 있는 거리다. 당연히 직박구리도 양쪽 지역에서 가까운 사이일 것이라고 생각했지만, 그렇지가 않았던 것이다.

오가사와라 군도는 4,000만 년 이상 전에 생긴 오래된 섬이다. 옛날에 야에야마 제도에서 날아온 무모한 직박구리는 우연히 발견한 오가사와라에 정착했을 것이다. 오가사와라를 못 보고 지나 쳤다면 지금쯤 알로하직박구리라도 되었을 것이다. 반면 화산 열도는 고작 수십만 년 전에 생긴 젊은 섬이다. 일본의 북부에서 번식하는 직박구리는 가을이 되면 이동을 한다. 그렇게 이동하던 직박구리의 일부가 실수로 화산 열도까지 날아온 것인지도 모른다. 아무튼 그건 그렇다 치자.

하지만 왜 오가사와라 군도의 직박구리는 옆에 생긴 화산 열도로 이동하지 않은 것일까? 북쪽에서 온 직박구리는 왜 군도를 떠나 화산 열도까지 간 것일까? 장거리 이동이 가능한 직박구리가 왜 두 지역에서 교류하지 않은 것일까? 결과는 신기한 것투성이었다. 신기하기는 했지만 좁은 범위 안에서 다른 두 집단이 유지된 것은 사실이다. 새로운 의문은 앞으로의 과제로 남겨두자. DNA 분석은 이렇게 다른 연구 방향을 제시하는 나침반이 되는 것이다.

직박구리는 일본에서는 드물지 않은 새다. 하지만 일본 근방의 섬들과 한국에서만 번식하여, 세계적으로는 보기 드문 새다. 좁은 분포지에만 틀어박혀 있는 부끄러움 많은 성격과 분포지 내에서만 큰소리치는 스타일. 이번 결과는 그러한 직박구리의 모습을 상징하고 있다.

결과를 보자 갑자기 직박구리에 대한 흥미가 용솟음쳤다. 아니, 원래 흥미가 있었다는 착각마저 머리를 스친다. 흐음, 틀림없이 그럴 거야.

이 결과는 일본동물학회의 영문 잡지에 논문으로 발표했다. 모처럼 흥미진진한 결과가 나왔으므로 언론 보도 자료로도 배포해야 한다. 물론 기대했던 대로의 결과였다는 가면을 쓰고 나는 발표하기로 했다.

제3의 남자

'오가사와라의 직박구리에 있는 두 가지 기원. 삼림종합연구소의 가와카미가 발표'

2016년 4월의 신문에는 이런 기사가 실렸다. 드디어 스폰서에게 성과를 공개할 수 있었던 것이다.

삼림종합연구소에서는 언론 보도용 자료를 한 달 정도에 걸쳐 준비한다. 자료를 기자단에게 보내면 흥미를 가진 기자로부터 연락이 오고 취재를 받는다.

"오가사와라의 직박구리는 혼슈의 직박구리와 어떻게 다릅니까?"

"약간 더 갈색입니다."

"그뿐인가요? 다른 행동이나 형태 같은, 특수한 진화는 없나요?"

"죄송합니다만 없습니다. 평범한 새예요."

"없다고요…?"

"없어요…."

실망하는 기자가 안쓰러워 피를 빤다거나 하다못해 하늘을 잘 날아다닌다는 말이라도 해줘야 하나 생각했다. 하지만 이 평범함이야말로 이번 결과의 포인트였다. 특수화하지 않았기 때문에 두 계통의 존재를 눈치채지 못했던 것이다. 가까이에서 일상적으로 볼 수 있는 직박구리에게도 흥미진진한 비밀이 숨겨져 있었다는 점이 이번 결과의 주안점이다. 이렇게 각 지면에 기사가 게재되고, 연구는 완료되었다.

자, 지금까지 나는 자못 내 자신의 성과인 듯 소개했고, 신문에도 그렇게 게재했다. 하지만 이것이 틀린 것은 아니지만 진실도 아니다.

이 연구는 국립환경연구소의 스기타 노리마사 씨와 국립과학박물관의 니시우미 이사오 씨와의 공동연구이다. 효율적인 연구 성과를 올리기 위해 자신의 전문 분야를 담당하는 공동연구는 드물지 않다. 중요한 것은 성과의 핵심인 DNA 분석과 논문 집필을 스기타 노리마사 씨가 담당했다는 점이다. 이번 연구의 주인공은 그였고, 사실 나는 조연이었던 것이다.

그런데도 신문에는 삼림종합연구소와 내 이름이 실렸고, 스기타 씨의 이름은 없다. 내가 언론 발표를 했기 때문이다.

언론 발표를 한다고 해도 반드시 기사가 된다고는 볼 수 없다. 기자가 흥미를 가지고 가치를 인정해주면 비로소 기사가 된다. 나는 지금까지 오가사와라의 연구 성과를 발표해온 전적이 있기 때문에 삼림종합연구소에서 발표하는 것이 효과적이라고 판단했던 것이다.

신문기사에서 중요한 것은 내용이지 연구 체제는 관계가 없다. 한정된 글자 수 안에서 논문의 배경에까지 공간을 할애하는 것은 비효율적이다. 그 결과 신문기사를 보면 마치 내가 주인공인 듯 보이지만 그것은 발표자가 나라는 의미밖에는 없다.

자연과학 연구에서는 정확성이 중시된다. 특히 논문에서는 오해를 사는 일 없이 꼼꼼하게 내용을 기술하는 데 세심한 주의를 기울인다. 그런 한편으로 보급을 위한 기사에서는 많은 사람의 흥미를 불러일으키는 것이 중시된다. 아무리 훌륭한 연구라도 읽지 않으면 전달되지 못하기 때문이다. 따라서 반드시 기사의 내용이 전부가 아니라는 것도 알아주시면 고맙겠다.

핵심 저자를 무시하면서까지 보급을 우선하니까 필시 직접적인 이익이 있을 것이라고 생각할지도 모르겠지만 그런 것은 거의 없다.

보도 자료 작성은 힘들다. 발표 후 며칠 동안은 취재 대기로 연구실에 묶여 있어야 한다. 기초 정보부터 예상치 못한 질문까지, 오해를 불러일으키지 않고 간결하게 즉시 답할 수 있도록 정보 수집도 필요하다. 당연히 사례는 없고 월급도 오르지 않는데, 일상 업무는 줄어들지 않고 일만 늘어날 뿐이다. 스폰서인 국민 여러분에 대한 보답으로는 충분치 않겠지만 굳이 하지 않아도 특별히 곤란할 것 없는 것 역시 사실이다.

그래도 언론 발표를 하는 것은 조류학의 보급과 계발이 반드시 필요하기 때문이다. 흥미를 가진 사람이 늘어나면 조류학은 발전하고, 줄어들면 쇠퇴한다. 비영리 연구의 존속에는 국민의 이해와 기대가 반드시 필요하다. 언론 보도 발표는 특정 상품을 대상으로 하지 않는 기업의 이미지 홍보 같은 것이며, 스폰서에 대한 감사 인사라는 의미 이상으로 학문 발전을 위한 존재감 어필이기도 하다. 모두가 반드시 해야만 하는 일은 아니지만 누군가는 꼭 해야만 하는 일인 것이다.

연구자는 스토커에 노출광이기만 해서는 안 된다. 또 한 가지, 약간 마조히스트여야 하는 것도 중요한 요건이다.

공포! 어두운 빛깔의
흡혈 생물

조금만요

전율! 뱀파이어의 키스

설령 카르밀라[4] 같은 미녀라 해도 피를 빨리는 것은 당연히 싫다. 중년 신사인 드라큘라라면 더 말할 것도 없다. 그렇게 싫어하는 흡혈 생물은 전 세계에 잠복해 있다.

일본의 이소온나[5], 말레이시아의 페낭가랑[6]과 필리핀의 마나낭

◇ ・ ◇◇

4 아일랜드 작가 셰리던 르 파뉴의 소설 속에 등장하는 흡혈귀의 이름
5 일본 규슈 지역에 널리 퍼져 있는 괴담 속 여자 요괴

갈[7], 칠레의 촌촌[8], 남미의 케로니아[9] 같은 것들이다.

흡혈 생물이 진화한 배경에는 혈액이 가진 음식물로서의 우수함이 감춰져 있다. 혈액은 동물의 온몸에 영양분과 산소를 운반하기 위한 매개체이다. 따라서 혈액은 수분, 칼로리, 단백질, 미네랄 등 몸에 필요한 여러 요소가 포함된 완전 영양식이라 할 수 있다.

일본에서도 자라의 생피를 마시거나 돼지 피로 요리를 만드는 등, 영양이 풍부한 혈액은 생활 속에서 널리 이용되고 있다. 가축의 혈액을 내장에 집어넣은 블러드 소시지는 유럽과 아시아에서 폭넓은 사랑을 받으며 기원전부터 식탁 위에 올려져왔다. 대개 동물의 혈액은 체중의 10퍼센트 이하로 제한된 희소한 것이다. 영양가는 높지만 상하기 쉬워 신선도가 생명인 혈액은 특별한 고급 음식이기도 하다.

이소온나나 카르밀라에 피를 빨린 적 있는 사람은 극히 일부밖에 없기 때문에 그 존재를 의심하는 사람도 있을 것이다. 하지만 생태계의 피라미드 정점에 군림하는 상위 포식자의 개체 수가 적은 것은 당연하므로 마주칠 확률이 낮은 것도 어쩔 수 없다. 검둥수리를 본 적이 없는 사람이 많은 것과 마찬가지다.

◈◈◈◈

6 한밤중 머리에 장기를 달고 날아다니며 태아의 피를 빨아 먹는다는 요괴
7 필리핀의 시키홀 섬에 산다는 마녀
8 칠레 남미 안데스 산맥 기슭에 살고 있던 원주민들 사이에 구전되는 괴물의 일종
9 남미 아마존에 산다는 흡혈 식물. 〈울트라맨〉에서 흡혈 식물 괴수로 등장

한편으로 모기나 거머리, 진드기 같은 생태계 피라미드의 하위 종에 의한 흡혈이라면 많은 사람이 경험했을 것이다. 이것은 흔한 섭생 방법인 것이다.

그런데도 인간은 피를 빨리는 것을 싫어한다. 상대가 모기든 흡혈 미녀든 상관없이 싫어한다. 이것은 아마도 감염증에 대한 경계 때문일 것이다.

흡혈 미녀가 흡혈 상대를 바꿀 때마다 반드시 입안을 살균한다 고는 볼 수 없다. 그런 비위생적인 상대를 경계하지 않는 개체는 전염병으로 수가 줄어들고 만다. 반면 경계심이 강한 개체는 유혹 에도 흔들림이 없어 죽지 않을 것이다. 이렇게 경계심이 강한 개체 가 보다 많은 자손을 남기고, 인류는 그렇게 진화해온 것이다. 모 기가 매개하는 말라리아나 일본뇌염, 진드기가 매개하는 홍반열이 나 쓰쓰가무시병 같은 존재가 흡혈 행위에 대한 혐오감을 촉진했 을 것이다.

등장! 괴도 검은 망토

어느 날의 일이다. 사슴 연구를 하는 상사가 차를 마시다가 일 본사슴을 공격하는 큰부리까마귀를 보았다는 이야기를 해주었다. 뭐, 그럴 수도 있겠지. 나라奈良공원에서는 까마귀가 사슴 귀에 사 슴 똥을 채우고 논다는 이야기를 스승에게서 들은 적도 있었다. 하 지만 이번의 공격은 심상치 않았다. 그게, 피를 빨았다는 얘기였던 것이다.

조류의 흡혈 행동 기록은 극히 드물다. 세계에서도 고작 5종밖에 없다. 갈라파고스 제도에 있는 뱀파이어핀치와 2종의 흉내지빠귀, 아프리카 남부에 서식하는 2종의 소등쪼기새뿐이다. 세계의 조류 약 1만 600종 가운데 고작 0.05퍼센트이다.

까마귀가 흡혈을 했다면 세계에서 여섯 번째 흡혈 종이 된다. 이것은 재미있는 발견이다. 무엇보다 나의 호기심에 불이 붙었다. 우선은 진위부터 확인해봐야겠다.

그런데 진위가 어이없이 판명되었다. 그가 마침 사진을 찍었던 것이다. 그 덕분에 관찰된 날짜도 밝혀졌고, 금방 흡혈 까마귀의 존재가 확인되고 말았다. 흡혈귀라고 하면 드라큘라 백작, 드라큘라 백작이라고 하면 새까만 색. 까마귀의 흡혈은 색채적으로도 지극히 설득력이 있다.

이런 흥미진진한 주제를 찻집에서만 이야기하고 끝내는 것은 아까웠다. 사슴의 생피를 빠는 공포의 까마귀에 대해 바로 논문을 쓰기로 했다.

까마귀가 사슴을 공격한 곳은 모리오카 시 동물원 안이었다. 사육되고 있는 일본사슴을 큰부리까마귀가 노린 것이다. 그 사진을 촬영하고 행동을 기록한 호리노 신이치 씨와 동물원의 쓰지모토 쓰네노리 원장과 팀을 이뤄 과거의 관찰 정보를 정리했다. 집필은 조류학자인 내 담당이었다.

기록에 따르면 까마귀의 흡혈은 늦어도 2009년에는 발생했다.

피해는 매년 발생했는데 특히 봄과 가을에 집중되었다.

까마귀는 사슴의 등을 쪼아 피부에 상처를 낸 뒤 새어 나온 혈액을 마셨다. 생각했던 것보다 평범하다. 내 머릿속에서는 부리를 찔러 넣고 쭉쭉 빠는, 캐틀 뮤틸레이션cattle mutilation[10]적 사체가 있었는데, 사실은 그런 공상보다 평범. 사슴에게는 미안하지만 약간 안타까웠다. 그렇지만 때로는 치료가 필요할 만큼 큰 상처가 생긴 적도 있었던 모양이었다.

그런 일을 당하는 사슴은 싫지 않았을까? 표적이 된 것은 주로 늙은 암컷으로, 어쩌면 삶을 포기한 듯한 분위기를 풍기고 있었던 모양이다. 처절한 그 상황에 의해 무기력해진 것이다.

사실을 알았으면 다음은 특수 행동이 발생한 이유를 생각해보아야만 한다. 까마귀는 늘 자신의 둥지에 짐승의 털을 깔아둔다. 그를 위해 살아 있는 동물에게서 털을 뽑는 경우도 있다. 상대가 피골이 상접한 경우라면 큰일이겠지만 동물원에서 토실토실 사육되는 동물들은 기질이 온순하여 까마귀의 좋은 먹잇감이 된다.

털을 마구 뽑다 보면 피부에 상처가 나서 피가 새어 나오는 경우도 있었을 것이다. 번식기인 봄의 흡혈은 집을 짓기 위한 재료 수집에 수반된 우발적인 것으로부터 시작되었을지도 모른다. 그런 한편으로 가을은 집짓기 재료 수집과는 관련이 없다. 피 맛을 본

◆·◆·◆·◆

10 1970년대 후반에 미국 등에서 일어난, 소 따위의 가축이 누군가에 의해 칼질을 당하고 도축되는 괴기한 사건

개체가 더욱 과감하게 행동하여 순수하게 흡혈을 목적으로 사슴을 공격하기 시작했을 게 틀림없다.

까마귀가 피 맛을 알 기회는 또 있다. 그것은 사체다. 큰부리까마귀는 죽은 사체를 먹는 동물이기도 하여 교통사고로 인한 사체 등을 자주 쪼아 먹는다. 사체에는 혈액도 포함되어 거기에서 맛을 알았을 가능성도 있다. 사실 흡혈 기록이 있는 5종의 새는 모두 죽은 동물을 먹는 종이기도 하다. 흡혈 행동은 죽은 동물을 먹는 것으로부터 진화했을지 모른다.

이 정도까지 이야기를 모았다면 이제는 술술 논문만 쓰면 된다.

바로 논문을 투고한 나는 두근거리는 마음으로 결과를 기다렸다. 어쨌거나 세계적으로도 드문, 새의 흡혈 행동의 발견이었다. 논문 데이터베이스에서 검색을 해봐도 흡혈 까마귀에 대한 논문은 없었다. 논문은 둘 중 하나의 답변으로 처리될 것이었다.

일반적으로 논문은 두 명의 심사자에 의해 심사를 받는다. 학술 잡지에 게재할 만한 가치가 인정되면 수리되고, 그렇지 못한 논문은 거부된다. 그리고 심사자의 까마귀 논문에 대한 평가를 요약하자면 다음과 같은 것이었다.

'까마귀의 흡혈은 이미 알려져 있습니다.'

뭐라고! 그럴 리가 없잖아! 그렇게나 많이 뒤졌는데 그런 논문은 까마귀의 눈물만큼도 나오지 않았잖아!

항의를 예상했는지 용의주도하고 친절한 심사자는 관련 문헌을 소개해주었다. 축산업계의 잡지였다. 생물학 논문을 뒤졌으니 발견하지 못한 것은 당연했다.

그들 보고에 따르면 홋카이도와 효고, 오카야마 등에서 까마귀가 말을 공격했다고 한다. 특히 홋카이도에서는 까마귀가 우유를 노리는 바람에 심각한 산업 문제가 되었다. 젖소의 커다란 유방에는 혈관이 튀어나와 있는데, 여기의 피를 흘리게 하여 생피를 마셨던 것이다. 경우에 따라서는 패혈증 등을 일으켜 죽음에 이르렀다. 그야말로 일본판 추파카브라[11]다.

어쩌면 이것은 까마귀 전문가들 사이에서는 이미 알려진 이야기인 모양이었다. 나는 까마귀 연구가 처음이었고, 그래서 정보 수집이 부족했던 것이다. '세계 여섯 번째 종! 까마귀의 흡혈 최초 발견'에서 '버드나무 아래 까마귀! 사슴에 대한 흡혈 첫 기록!'으로 격하되어, 약간 풀이 죽은 논문이 무사히 잡지에 게재되었다.

아무튼 이번 논문은 사진과 탐문 정보를 기초로 썼기 때문에 나는 아직도 까마귀의 흡혈을 본 적이 없었다. 한 번쯤은 봐두자 싶어서 눈 쌓인 1월에 의기양양하게 동물원으로 갔다. 먹잇감이 고갈되는 계절이다. 배가 고픈 까마귀가 흡혈하느라 정신없을 게 틀림없다.

"까마귀? 겨울에는 거의 오지 않는데요."

…정말? 먹잇감이 고갈되는 시기에 까마귀는 저지대로 이동하

◈ ◈ ◈ ◈

11 주로 남미에서 목격되는 흡혈 괴생물

는 모양이었다. 이래서 이동성이 강한 동물은 좋아할 수가 없다.

진실! 흡혈귀의 이면

까마귀가 흡혈한 소와 사슴은 사육 동물이다. 까마귀가 진짜 흡혈 생물로서의 지위를 구축하려면 역시 야생동물로부터 흡혈을 해야만 한다. 하지만 이것은 장해물이 너무 많을지 모른다.

다른 흡혈 조류는 모두 소형 종이다. 포유류에서는 흡혈박쥐가 흡혈자로 유명하지만 그들도 소형이다. 모기도, 거머리도, 진드기도 소형 동물이다. 흡혈 동물은 소형이어야만 하는 것이다.

대형 동물일 경우, 피해자는 곧바로 눈치채고 피할 것이다. 움직이지 못하게 할 만한 힘이 있는 흡혈자라면 이번에는 흡혈만으로 끝나지 않고 육식이 되어버릴 것이다.

물론 혈액은 영양 만점의 음식물이지만 고기와 함께 먹을 수 있다면 그쪽이 더 좋다. 큰부리까마귀는 사체를 먹는 육식동물이면서 동시에 생고기를 먹는 동물이라 비둘기나 쥐를 공격해 잡아먹는다. 그래서 혈액에 집착할 필요는 없으며, 커다란 부리로 살을 발라내 덥석 삼켜버린다. 축산업계에서는 흡혈뿐만 아니라 까마귀가 소의 살점을 발라내 먹는 것도 문제가 되고 있다.

흡혈이라는 꺼림칙한 행동은 고기를 함께 먹을 수 없는 약자의 전략인 것이다. 갈라파고스의 흡혈 조류는 얼가니새나 바다이구아나, 바다사자 등에서, 소등쪼기새는 소나 하마 등에게서 흡혈한다.

모두가 피부를 쪼아 상처를 내고 거기에서 혈액을 핥아 먹는 신중한 방법이다.

까마귀는 생태계의 상위에 위치하는 강한 동물이다. 그런 강자가 흡혈자로 끝날 필요는 없다. 사육되는 사슴은 살이라면 화를 낼 테지만 혈액 정도는 참을 수 있다는 절묘한 순응이었을지 모른다.

이렇게 되면 흡혈귀들의 존재에도 의문이 생긴다. 그들은 모두 대형 동물이다. 날카로운 이를 가지고 있고 힘도 세다. 그렇다면 혈액뿐만 아니라 살도 함께 먹는 것이 자연스럽다.

더 이상 흡혈귀를 겁낼 필요는 없다. 행동학적으로 보아, 대형이고 폭력적인 흡혈 전문 동물은 극히 드물기 때문에 대개의 흡혈귀는 잘못된 정보일 것이다. 실제로는 흡혈에 특화되지 않은 식육 괴수가 대부분일 것이고, 겁내야 할 상대는 바로 그들이리라. 희소한 흡혈귀와 마주치면 오히려 행운이다.

아무튼 지금까지 흡혈, 흡혈 하고 계속 말해왔지만, 대부분의 새는 구조상 부리로 액체를 빨 수가 없다. 새는 물을 마실 때도 부리에 물을 담은 뒤 머리를 들어 목구멍 속으로 흘려 넘긴다. 물에 부리를 댄 채 빨아 마실 수 있는 것은 비둘기의 동료들뿐이다. 흡혈 조류가 상처의 피를 핥는 것은 우월함도 배려도 아닌, 그들의 한계인 것이다. 그런 의미에서 진짜 흡혈 조류가 될 수 있는 것은 비둘기뿐이고, 다른 것들은 '핥을 지舐' 자를 써서 지혈 조류라고 부르는 게 옳다.

그런데 다시 생각해보면, 감염증만 조심하면 흡혈귀에게 공격당해 같이 흡혈귀가 된다 해도 그다지 곤란할 것 같지 않다.

십자가? 일본에 있으면 만날 일도 거의 없다. 햇빛? 나는 방콕파다. 마늘? 별로 미련은 없다. 은색 총알에 흰 나무 말뚝? 그런 것으로는 인간도 죽는다.

거울에 비치지 않게 되는 것은 약간 불편할 것 같다. 하지만 그것과 바꿔 영원한 생명을 얻는다면 참을 수 있다. 혈액의 성분을 조사해보면 인간보다 새 쪽의 혈당치가 더 높고 영양가도 있어 보이므로 굳이 인간을 괴롭히지 말고 새만 공격해도 될 것 같다.

만약 흡혈 미녀가 어딘가에 몸을 숨기고 있다면 두려워하지 말고 나왔으면 좋겠다. 나 같은 사람이라도 괜찮다면 기꺼이 내 혈액을 제공한 다음 흡혈 까마귀를 보러 동물원에 가자고 제안하겠다. 다만, 치아는 깔끔하게 살균해주었으면 좋겠다.

6장

조류학자에게도
말하고 싶지 않은 밤이 있다

#1

멋진 이름을
붙여주자

브라이언스 쉬어워터

모험의 시작

2011년 8월, 경악할 보고를 접했다.

하와이의 미드웨이 환초環礁〔고리 모양으로 배열된 산호초. 안쪽은 얕은 바다를 이루고 바깥쪽은 큰 바다와 닿아 있음. 주로 태평양과 인도양에 분포함〕에서 신종 새가 발견된 것이다. 문제는 거기에서 게재한 새의 사진이었다.

이 새, 알고 있는데!

신종으로 막 발표된 새를 나는 이미 알고 있었던 것이다.

그 새는 브라이언스 쉬어워터Bryan's Shearwater라고 명명된 소형 슴새다. 신종이라고는 하지만 최근 발견한 새는 아니다. 1963년에 포획된 표본의 DNA를 분석한 결과 신종으로 판명된 것이다.

그 후의 기록은 1990년대 초에 같은 섬에서 관찰되었을 뿐이다. 기록이 얼마 되지 않아서 이미 멸종 가능성도 있다는 코멘트가 달려 있었다.

그런 한편으로 오가사와라 제도에서는 과거에 이 새와 흡사한 새가 6개체 발견되었다. 모두 상처 입은 개체였거나 또는 사체로 회수되어 시료로 보존되어 있다. 미드웨이의 보고를 접하고 서둘러 이 오가사와라 새의 정체를 확인하기 위해 연구팀을 결성했다.

애초의 시작은 20세기도 끝나가던 1997년의 어느 날이었다. 하늘에서 소녀가 떨어졌다. 이것이 영화라면 모험의 서막이었겠지만 테니스코트에 떨어진 것은 암컷 슴새였다.[1]

보호 후 얼마 되지 않아 죽은 이 새는 지방에서 새를 연구하는 치바 하야토 씨를 경유하여 야마시나 조류연구소의 히라오카 다카 씨 손에 넘어와 표본으로 보관되었다. 그 후에는 2005년에 1개체, 2006년에 3개체, 2011년에 1개체가 발견되었다.

형태적인 특징이 꼬마슴새라는 기존의 종과 비슷했기 때문에 이 새일 것이라고 생각했다. 하지만 꼬마슴새는 일본에는 분포되어 있지 않았고, 실제 정확히 비교하여 결론 내린 것이 아니었기

◆◆◆◆

1 〈천공의 성 라퓨타〉는 하늘에서 소녀가 떨어지며 영화가 시작됨

때문에 종이 확정된 것은 아니었던 것이다.

우리는 이 오가사와라의 6개체 표본에서 DNA를 추출하여 미드 웨이 새와 비교했다. 그 결과 그들은 브라이언스 쉬어워터와 같은 종임이 판명되었다. 곧바로 컴퓨터의 키보드가 부숴져라 논문을 집필, 이 새가 오가사와라에 살아남아 있음을 발표했다. 2012년 2월의 일이었다.

'멸종(?)인 새, 오가사와라에서 재발견!'

오가사와라 제도는 2011년 세계자연유산에 막 등록된 상태였다. 그 직후 멸종이 우려되던 새가 발견된 것이다. 이 뉴스는 세계유산으로서의 가치를 높이는 발견으로 환영받았다.

멸종으로부터의 생환은 극적이라 더 기쁘다. 일본에서는 1949년에 멸종 선언된 신천옹이 1951년에 재발견된 적이 있다. 화성에서는 생존이 절망적이었던 영화 〈마션〉 속 맷 데이먼이 감자를 먹으면서 생환했다. 우리 연구팀은 전성기의 피노키오도 울고 갈 만큼 잔뜩 코가 높아져 개선, 이 새의 발견에 기고만장했다.

이것이 일반인을 대상으로 이야기했던 경위이다. 그로부터 5년, 슬슬 마음의 상처도 치유되었으므로 진실을 밝히자. 이것은 한 연구자의 후회와 참회의 이야기다.

평생의 실수

2006년에 이 새의 3개체가 발견된 곳은 히가시지마라는 무인도였다. 정말 평범하기 짝이 없는 이름의 이 섬에는 슴새의 동료가 고밀도로 번식한다.

미쿠라지마의 큰슴새는 시궁쥐를 등에 태우고 하늘을 날아 족제비 노로이에게 덤볐다.[2] 하지만 히가시지마의 슴새들은 곰쥐의 공격을 받아 사체가 계속 쌓여갔다. 이 섬에서는 특히 검은슴새라는 슴새의 사체가 대지를 가득 메웠다.

그렇게 전국 시대의 전쟁터같이 검은슴새의 사체가 쌓여가던 도중 검은슴새와는 다른 종의 바닷새 사체 3개체가 섞여 쌓였다.

이들을 발견한 것은 지역 비영리 조직인 오가사와라 자연문화 연구소의 호리코시 가즈오 씨와 스즈키 하지메 씨였다. 그들이 사체 취향인 내게 표본을 보내주었던 것이다.

사체라고 해도 쥐에게 먹혀 흐트러진 깃털과 각각 떨어져 나간 뼈만으로는 살아생전의 모습을 알 수가 없다. 여기서부터가 내 실력 발휘이다. 나는 새의 뼈를 정말 좋아했던 것이다.

부드러운 조직에 감싸인 새의 외형은 애매모호하여 기준점이 없다. 깃털도 피부도 근육도 모두 부드러워서 누르면 들어가고 당기면 늘어난다. 그 우유부단함은 갓파의 팔 같다.

한편 뼈는 딱딱하여 신뢰성이 높다. 외형을 알 수 없을 만큼 제각 각이어도 뼈만 있으면 종류를 어느 정도 추정할 수 있다. 특히 오가사와라의 새 표본은 많이 가지고 있으니 준비도 다 되어 있었다.

하지만 이 뼈는 냄새를 맡아봐도, 마음의 눈으로 꿰뚫어 보아도 종류를 알 수가 없었다. 알 수 있었던 것은 꼬마슴새와 비슷하다는 것뿐이었다.

자신만만하게 받아들인 과제를 완수하지 못하여 사륙두꺼비四六の蝦蟇〔일본 이바라키 현의 쓰쿠바 산기슭에 산다는 앞다리 발가락이 4개이고 뒷다리 발가락이 6개인 두꺼비. 이 두꺼비의 몸에서 나오는 기름으로 연고를 만듦〕에게 스카우트될 정도로 식은땀을 흘리던 나는 DNA 분석 전문가인 에다 나오키 씨에게 도움을 요청했다.

그리고 2006년 12월에 나온 결과는 이 새의 DNA 배열이 데이터베이스에 존재하지 않음을 보여주고 있었다. 신종일 가능성이 있다는 것이었다.

하지만 이 당시 꼬마슴새의 동료 새 분류는 혼란스러웠다. 1종인 줄 알았던 꼬마슴새의 DNA를 분석하자, 실은 생판 남이지만 외형은 닮은 여러 종이 포함되어 있다는 것을 알았던 것이다. 그렇지만 꼬마슴새로 여겨온 세계 각지의 새들을 모두 분석한 것은 아니다.

즉 오가사와라에서 발견된 새는 신종일 가능성이 있는 한편으로 그저 분석되지 않았을 뿐인 기존의 새일 가능성도 있었던 것이다.

새는 몸이 크고 눈에 잘 띄는 동물이기 때문에 신종은 좀처럼 찾아볼 수 없다. 일본에서 마지막으로 발견된 신종은 1981년 오키나와 섬의 얀바루흰눈썹뜸부기다. 오키나와가 전후 미국의 통치를 받아 1972년까지 반환되지 않았던 것도 이 새의 발견이 늦어진 원인 중 하나일 것이다. 당시 여덟 살이었던 나도 신종 발견이 대대적으로 보도되었던 것을 기억한다.

신종은 좀처럼 발견되지 않는다.

기존의 새일지도 모른다.

분석되지 않은 해외 새의 분석은 힘들다.

다른 사람에게도 쉽게 발견되지 않는다.

나는 지금 바쁘다.

할 수 없는 이유를 찾는 것은 간단하다. 분류학자가 아닌 생태학자인 내게 신종 기재는 익숙지 않은 큰일이다. 정신적인 장해물 문제는 크다.

기회로부터 눈을 돌리고 나중에 하자는 8월 하순의 초등학생 같은 변명을 하면서 나는 이 건을 빈둥거리며 방치해버렸다.

그리고 2011년 8월을 맞이했던 것이다.

브라이언스 쉬어워터는 미국에서는 37년 만의 신종 조류였던 만큼 대대적으로 보도되었다.

아아, 큰일 났다. 아니, 큰일 나버렸다.

연구의 세계에서는 논문을 쓰는 자가 이긴다. 아무리 먼저 사실을 알았다 해도 논문으로 만들지 않으면 학술적으로는 존재하지 않는다고 할 수 있다. 나의 게으름이 일본에서의 신종 조류 기재라는 천재일우의 기회를 놓치는 결과를 낳은 것이다.

일본에서는 새의 조사가 진행되고 있다. 아마도 국내에서 미발견 새가 발견되는 일은 끝내 없을 것이다. 나는 마지막 기회를 놓친 A급 전범인 것이다.

엉덩이에 불이 붙은 게 아니라 아예 엉덩이가 다 타버렸다. 역시 이런 사태쯤 되자 앞으로 나아가지 않을 수 없었다. 게으른 인생을 보낸 죄를 씻기 위해 무거운 엉덩이를 들고 관계자들을 찾아갔다.

앞서 말한 치바 씨, 히라오카 씨, 호리코시 씨, 스즈키 씨, 에다 씨와 공동연구를 하여 미드웨이와 오가사와라 개체의 DNA와 형태를 다시 비교했다. 겉모습을 통해 추측한 대로 그들은 동종이었다.

죄의식으로부터 빨리 해방되고 싶어서 서둘러 발표했다. 멸종이 우려되던 종이 발견되었으므로 당연히 축하할 만한 이야기로 받아들여졌다. 하지만 내가 한 걸음만 잘못 내딛지 않았더라면 이것은 오가사와라에서의 신종 발견담으로 회자되었을 것이다.

재발견이라는 환희의 미소를 지으며 취재를 받던 나는 가짜였다. 웃음 뒤로 명예로운 기회를 놓친 후회로 몸부림치고 피눈물을 흘리면서 취재에 답했던 것이다.

나의 게으름으로 인해 소중한 기회를 놓치고 결과적으로 폐를 끼친 공동연구자 여러분, 일본의 조류학을 지탱하는 여러분, 미안하고 또 미안합니다. 진심으로 사과의 말씀 드립니다.

전부 제 탓입니다.

개선 행진 후의 뒤처리

자, 그래서 재발견 후의 과제는 이 새의 이름이다. 일반적으로 새에게는 세 개의 호칭이 있다. 라틴어인 학명, 영어로 된 영어 명칭, 그리고 일본어로 된 일본 명칭이다.

브라이언스 쉬어워터에 대한 신종 발표 논문은 미국인이 썼기 때문에 일본식 이름은 아직 없었다. 일본에서 이 새를 발견한 우리가 책임을 지고 일본식 이름을 제안해야만 한다. 영어를 직역한 브라이언슴새는 너무 밋밋하다.

이 새가 오가사와라에서 살아남은 것은 그 지역 사람들이 섬의 자연을 지켜온 성과이다. 이 사실에 경의를 표하기 위해 일본식 명칭에는 지역명을 넣고 싶었다. 또한 고려할 것은 가장 현저한 형태적 특징인 작은 몸집이다.

오가사와라'새끼'슴새.

오가사와라'점박이'슴새.

오가사와라'콩'슴새.

작은 것을 표현하는 이름이 하나둘 제안되었지만 욕 같다, 개 같다, 콩 같다며, 연구팀 내에서도 의견이 분분했다. 최종적으로는 오가사와라꼬마슴새로 연착륙했다. 꼬마사과에 꼬마대구까지, 꼬마는 작은 생물의 일반적인 수식어이다. 수컷에게는 실례다, 성희롱이다, 하는 의견은 차치하고 우리는 이 이름을 제안했다.

제안했다고 해서 곧바로 표준적인 일본 명칭으로 인정되는 것은 아니다. 일본조류학회가 정기적으로 간행하는 일본조류목록에 게재되어야 한다.

이 목록은 일본의 야생 조류를 총망라하는데, 많은 도감이나 서

적이 여기에 게재된 종수와 명칭 등을 참조한다. '일본에는 몇 종의 새가 있다'는 기술의 근거가 되는 것이다. 여기에 게재되면 그 새의 기록이나 일본 명칭이 공식적으로 학회의 인정을 받은 셈이 된다.

2012년은 우연히도 10년에 한 번 있는 목록의 발행 연도였다. 일본조류학회 창립 100주년이 되는 해라 여기에 맞춰 편집이 진행되고 있었던 것이다.

꼬마슴새 발견의 발표가 2월, 목록 발행은 9월이었다. 목록 편집은 2008년부터 시작되어 이미 한창이었다. 이 새의 게재는 너무 늦은 것일까? 이 기회를 놓치면 '일본의 새'로 인정받을 다음 기회는 10년 후이다.

불안과 기대를 품고 목록 발행을 기다렸다. 그리고 9월에 공개된 목록에는 오가사와라꼬마슴새의 이름이 무사히 게재되어 있었다. 안도하며 가슴을 쓸어내린 나와 공동연구자 히라오카 씨가 이 목록을 작성하는 편집위원이기도 했다는 것은 당연히 비밀이다.

게다가 목록 발행 한 주 전에는 6년 만에 개정된 환경성 레드리스트가 발표되었는데, 오가사와라꼬마슴새는 멸종 위험성이 극히 높은 멸종 위기종으로 게재되었다. 여기에 맞출 수 있었던 것도 요행이라 할 만하다.

신종 기재의 기회는 놓쳤지만 그 후의 진행은 잘되었다.

그리고 몇 년 후, 우리는 이 새의 서식지를 발견하게 된다.

재발견이라고는 하지만 미드웨이와 오가사와라에서 총 8개체밖에 발견되지 않았던 초희소종이다. 서식지 발견은 보전의 필수조건이다. 신종 기재에서 뒤처진 부끄러움을 씻고 싶었던 심리가 서식지 탐색의 원동력이 되었음은 말할 것도 없다. 결과적으로는 모든 것이 좋은 방향으로 나아갔던 것이다.

정말이지, 자신의 손을 더럽히지 않고 깨끗이 일을 처리할 수 있다는 것은 당연히 억지다.

그 무렵의 게을렀던 나를 때려주고 싶다. 영화 〈백 투 더 퓨처〉의 브라운 박사나 마티가 이 글을 읽는다면 꼭 연락해주기 바란다.

'급할수록 돌아가라'는 거짓말, '좋은 일일수록 서둘러라'야말로 행복의 비결이다.

#2

비국제파
선언

코르부
플로레스
그라시오자
파이알
테르세이라
상조르즈
피쿠
상미겔 **아조레스 제도**
(대서양)
산타마리아

누가 거짓말이라고 해줘

어라? 이상하네. 내가 이렇게 영어가 서툴렀던가?

이 느낌은 처음이 아니다. 과거에도 같은 위화감에 휩싸인 적이 있다. 영화 〈시간을 달리는 소녀〉의 주인공을 맡은 하라다 도모요 씨를 너무 봐서 타임 슬립 능력을 갖게 되었고, 그래서 같은 경험을 몇 번이나 반복하는 건가? 아니, 아니다. 어쩌면 매번 같은 현실과 맞닥뜨리고 있을 뿐인 듯하다. 곤란했다. 참으로 곤란했다. 나는 영어회화공포증인 것이다.

그때 나는 포르투갈령인 아조레스 제도에 있었다. 대항해 시대부터 대서양의 해상 교통 요충지로 발전해온 섬이고, 본토에서 약 1,400킬로미터 서쪽에 떠 있다. 정확히 말하자면 섬은 해저와 연결되어 있으므로 떠 있는 것은 아니지만 이것은 말장난이다. 연구 성과를 발표하기 위해 섬 생물학 관련 국제회의에 참석해 있었던 것이다.

보통 자연과학 계통의 연구자는 영어를 잘한다는 근거 없는 오해가 만연해 있어 진짜 곤란하다.

나는 일본에서 태어나고 자란 순수 국산 연구자다. 유학 경험은 한 번도 없고, 우호적인 유학생과는 일정한 거리를 둔 채 해외여행도 용의주도하게 영어권을 피해가며 열심히 실력을 키워왔다. 영어 논문을 읽고 쓸 수는 있어도 말은 하지 못하는 것이 일본인의 아이덴티티이다.

하지만 인간은 신기한 존재여서 자신에게 불리한 것은 의식의 깊은, 보이지 않는 곳에 꽁꽁 넣어둘 수 있다. 노력도 하지 않았는데 어느새 숙달됐잖아 하는 꿈 같은 일을 상상하며 국제회의에 참가했다가 막상 현지에서 모자라는 영어 실력에 경악하는 것이 늘 있어온 의례였다.

애당초 NASA가 잘못했다. 달이나 화성 같은 곳에 갈 시간이 있으면 일찌감치 통역곤약이나 개발할 것이지. 서스데이에 발표가 있다고 하면 새터데이군 하고 대꾸하며, 버드 연구를 하고 있느냐고 질문하면 그건 어떤 곤충이냐고 되묻는 내 회화 실력을 우습게 보지 말라고!

아무리 생각해도 문제는 내가 아니라 일본의 교육 제도와 NASA 니까 부끄러울 것은 없다. 단단히 각오하고 국제회의에 잠입하기로 하자.

그래, 섬으로 가자!

다윈이 갈라파고스 여행을 즐긴 이래 섬 생물학은 많은 연구자의 흥미의 대상이 되었다. 섬은 주변이 바다로 둘러싸인 좁은 공간이다. 바다가 장벽이 되기 때문에 생물의 이동이 제한되고, 그런 만큼 특수한 생물상이 성립된다.

생물은 대체 어디에서 오는가?

그들은 어떤 특성을 갖는가?

섬의 생물은 어떻게 하면 보호할 수 있는가?

다양한 방법과 목적으로 섬의 특수성을 이해하고, 거기에서 일반적인 이론을 도출하는, 그것이 섬 생물학이다. 이 분야에 종사하는 전 세계 연구자들이 2년에 한 번 모이는 것이 이 국제회의다.

그렇지만 이 회의는 아직 두 번째밖에 안 되었다. 2년 전에 태평양 한복판의 하와이에서 태동하여 이번에는 그 반동으로 대서양의 아조레스 제도에서 개최된 것이다.

'조사는 아니겠죠? 연구 발표를 하는데 교통편이 좋지 않은 섬에 굳이 모일 필요는 없잖아요. 무기질의 도시 회의실에서 해도 되

잖아요.'

무슨 소리예요, 토끼 씨. 온천 연구자는 온천에 모인다. 절도 기술 연구자들은 감옥에 모인다. 섬 연구자가 연구 발표를 위해 섬에 모이는 것은 당연하다.

이러한 이벤트는 많은 참가자들이 모여야만 내용이 충실해지고 가치가 높아지는 것이다. 섬을 무대로 활동하는 연구자를 끌어들이려면 섬을 미끼로 삼는 게 최고다. 무엇보다 신주쿠의 임대 회의실 같은 곳에서 개최한다면 가고 싶은 마음이 들지 않을 것이다. 참가에 대한 동기 부여를 높이는 것이야말로 주최자의 수완이다.

'회의'라고 하면 심각한 표정을 하고 두꺼운 자료를 한 손에 든 채 대화하는 모습이 떠오를지 모른다. 하지만 이 국제회의는 연구 발표의 장이다.

참가자는 자신의 연구 성과를 정리해 청중 앞에서 발표한다. 발표는 구두 발표와 포스터 발표가 있다. 동시에 여러 방에서 다른 주제 발표가 있고, 그중 흥미 있는 발표를 선택하여 들으러 가는 것이다.

구두 발표에서는 15분 정도의 강연을 하고, 그 후에 질의응답 시간이 있다. 영어회화공포증인 내게는 바늘방석에 앉은 것이나 마찬가지다. 물론 발표 자체는 미리 준비할 수 있으니까 어떻게든 된다. 문제는 질의응답에 있다.

예전에 갈라파고스 제도에서 열린 국제 심포지엄에 참가하여 구두 발표를 한 적이 있다. 그때 객석에서 질문을 받고 의미를 몰라 안절부절, 그런 나를 보고 질문한 사람도 안절부절, 교착 상태에 빠져 모든 참가자가 안절부절, 그저 식은땀만 흘리면서 시간이 다 되어 공이 울리기만을 기다렸던 기억이 선명히 되살아났다. 그런 부끄러움은 이제 사양이다. 이후 나는 국제회의에서 구두 발표를 봉인했다.

그런 의미에서 이번 발표는 포스터 형식이었다. A0 사이즈로 인쇄한 연구 발표 자료를 회의장에 붙여두고 보러 온 사람에게 설명을 한다. 손짓 발짓에 의욕까지 섞어 커뮤니케이션하면 성의만은 전달되는 것이다. 치명적인 오해에 어이없어 하더라도 상대는 소수이기 때문에 자존심이 깎이는 것도 최소한이다. 하지만 방심은 금물.

2년 전 어느 날, 나는 하와이대학에서 두 명의 미국인 학생을 상대로 더듬거리는 영어를 구사하여 포스터 해설을 했다. 설령 중학생 영어 실력에 털도 나지 않은 정도라 해도 단어를 늘어놓으면 의미는 통한다. 목적은 아름다운 영어가 아니라 연구 성과를 전달하는 것이다. 적확한 단어가 나오지 않더라도 영혼이 담긴 주파수는 상대방에게 확실히 전해졌다. 겨우 해설을 마친 내 안에서 기분 좋은 피로감이 번져갔다. 그때 여대생이 한 말을 나는 평생 잊지 못한다.

"실은 저, 일본어 할 수 있어요!"

뭐야, 이 유창한 일본어는!

"아, 나도 할 수 있습니다."

너도냐! 브루투스Marcus Junius Brutus[3]! 왜 좀 더 빨리 커밍아웃하지 않은 거냐. 나이깨나 먹은 아저씨가 학생들 손바닥 위에서 놀아났다니, 더 이상 버티지 못하고 눈물이 나왔다.

하와이에는 일본계가 많고, 일본 유학 경험이 있는 학생도 적지 않다. 순수해서 의심할 줄 몰랐던 나는 이 일을 계기로 의심하는 버릇을 들였다.

다행히도 이번 회의는 대서양에서 개최되어 일본어를 아는 참가자는 적은 것 같았다. 그때 같은 부끄러움을 느끼지 않고 넘어갈 수 있을 것 같았다. 하긴, 잘 생각해보면 행운이기는커녕 그때의 재탕 같은 느낌이 강했지만 그래도 포르투갈어보다는 영어가 그나마 낫다. 포스터는 눈에 잘 띄는 것을 최우선으로 하여 모든 것을 빨간 글씨로 표기해보았다. 너무 빨개서 약간 눈에 번졌지만 많은 참가자의 눈을 사로잡아 겨우 발표를 끝마칠 수 있었다. 일단 일의 절반은 끝났다.

설마 여기까지 와서

국제회의가 갖는 의의의 나머지 절반은 다른 사람의 발표를 듣

◆◆◆◆

3 고대 로마의 카이사르가 심복이었던 브루투스에게 암살당하며 남긴 말

는 데 있다. 이번 회의에는 46개국에서 400명 이상이 참가했고, 세계의 다양한 장소에서 행해진 연구가 발표되었다.

특히 이번에는 유럽에서 개최하는 것이었으므로 일본에서는 그다지 익숙지 않은 대서양이나 지중해 섬들에 대한 발표가 많았다. 섬의 새는 왜 색이 수수해졌을까? 온난화는 얼마나 영향을 미치는가? 다양한 관점에서 섬 생물의 비밀이 풀려나갔다.

미발표된 최신 성과나 조사 시의 연구 등, 논문만으로는 얻을 수 없는 정보가 공개되었다. 또 해외 연구자들과의 연결고리를 만들어 연구 네트워크가 강화되어갔다. 무엇보다 내 전문 분야와 직접 인연이 없는 연구에 대한 지식을 얻을 수 있었다.

일상적인 정보 수집으로는 아무래도 자신과 관련된 연구 분야에만 치우치게 된다. 하지만 국제회의에서의 발표 내용은 다방면에 걸쳐 있고, 새에 대한 연구는 소수에 불과하여 자연스럽게 다른 분야의 연구도 접촉하게 되어, 새로운 아이디어를 얻을 수 있는 것이다.

발표에서는 도표를 사용하므로 영어회화공포증인 나도 이해하기가 쉽다. 하지만 여기에도 함정이 있다.

국제회의라고는 하지만 수준은 최저부터 최고까지 모두 포함되어 있다. 서양 교육의 선물인지, 그들은 어떤 내용이든 반짝반짝 눈을 빛내며 발표한다. 하지만 잘 들어보면 쓸데없는 내용으로 가득한 발표도 적지 않다.

그건 해석이 이상한데. 생식 환경의 효과를 고려하지 않았어. 그건 섬만의 특징이 아니야. 질문하고 싶고 정정해주고 싶고 한마디 하고 싶었다. 천성적으로 말하기를 좋아하는 나에게 이 스트레스는 크다. 어쩔 수 없이 약국을 찾아 외국인이 되는 약을 찾는 매일을 보냈던 것이다.

국제회의에는 필드 트립field trip도 포함되어 있다. 각국의 자연을 접해보고 견문을 넓히는 것도 야외 연구자로서의 자세이다. 이번에는 섬 중앙부에 있는 삼림을 산책하며 그 지역 자연을 관찰할 기회가 있었다. 대서양 섬의 숲은 대체 어떤 분위기일까? 틀림없이 낯설고 기괴한 수목이 무성하여, 쇄국 체질의 섬나라에서 육성된 자연관自然觀으로부터 비늘이 후드득 떨어져 내릴 것이다.

기대를 품고 버스에 올라타 산으로 향했다. 왼쪽 핸들을 제외하면 언뜻 일본의 버스와 다름없었지만 약간의 위화감이 있었다. 그 원인을 찾아 위를 올려다보았더니 왠지 천장에 비상구가 있었다. 어떤 비상사태를 상정했는지는 모르겠지만 저기는 여차했을 때 불편하지 않으려나?

다행히도 비상사태는 벌어지지 않았고, 낮은 지대는 개척되어 목장이 한없이 펼쳐졌다. 매일 아침식사에 맛있는 치즈를 제공해주는 홀스타인 젖소 사이를 지나 산꼭대기 근처의 삼림에 도착한 후 산책로를 걷기 시작했다.

숲 가장자리에는 파란 꽃이 활짝 피어 있고, 뒤쪽에는 침엽수림이 펼쳐져 있었다. 그곳을 걷는 것은 처음이었는데도 왠지 그리운 마음이 들었다. 피곤이 쌓여 데자뷔를 일으킨 것일까? 아니, 몸 상태는 정상이었다. 왠지 안 좋은 예감이 들었다.

"이거, 수국이군요…."

"맞아요, 일본에서 들여온 거죠. 이 섬을 대표하는 꽃이에요."

"숲은 전부 삼나무, 군요…."

"이것도 일본산이에요. 섬에서는 삼나무가 잘 자라죠!"

15세기부터 나무를 심기 시작한 이 섬에서는 500년 이상 개발이 진행되고 있었다. 오랜 역사 속에서 극동의 수종에 주목했다니, 참으로 눈이 높다. 설마 여기까지 와서 삼나무 숲을 산책하게 될 줄은 몰랐다. 그러고 보니 하와이에서도 삼나무 숲과 마주친 적이 있었다. 조상님들, 삼나무를 보급할 여유가 있었다면 일본어라도 보급해주시지.

그렇게 영어가 서툴면 부지런히 영어회화 학원에라도 다니면 됐을 텐데, 하고 얕은 생각을 하는 분도 있을 것이다. 하지만 그렇게 하지 못한 사정이 있다. 나는 후진 육성에 이바지해야만 하는 입장인 것이다.

이 세상에는 우수한 연구자가 많이 있다. 줄기차게 논문을 쓰고, 영어로 농담을 주고받으면서 금발의 숙녀와 허그를 한다. 그런 선배의 모습을 보면 학생은 어떤 생각을 할까? '안 돼, 나는 저렇게 못할 거야'라고 연구 생활을 단념한 채 조류학 세계를 떠나버릴 것이다. 젊은이를 육성하지 않으면 이 분야는 문을 닫고 만다.

그래서 내가 나설 차례다.

'저 사람, 평소에는 대단해 보이던데 영어는 전혀 못하잖아. 불혹을 지나서도 저런데 나도 어떻게든 될 거야.'

학생들은 내 모습에서 희망을 발견하고 나를 추월하여 미래를 짊어질 인재가 될 것이다. 조류학의 장래는 내 어학 실력에 달려 있는 것이다.

젊은이여, 여기는 내게 맡기고 앞으로 나아가시라.

#3

사과 실망
사건

배신의 과일

처음 사과 주스를 먹었을 때를 기억하시는가? 나는 평생 잊지
못한다.

컵 안에서 황금색으로 빛나는 향기로운 액체. 천사처럼 순수한
나의 상상을 훨씬 능가하는 자태에 아연실색했다.

"사과라면 당연히 빨개야 하는데! 맛없어!"

귤 주스는 밀감색, 포도 주스는 포도색. 사과 그림을 그릴 때는
당연히 세계 공통으로 빨간색이다. 약간은 멜론소다의 기개를 보

고 배웠으면 싶다. 빨갛지 않은 액체에 환멸을 느낀 나는 사과 주스와 절교했다.

사과 주스가 빨갛지 않은 원인은 과육이 하얘서이다. 그럼 왜 바깥은 빨간가. 그것은 틀림없이 눈에 잘 띄기 위해서다.

과일은 이브와 뉴턴, 그리고 거울 앞에서 이야기하는 나르시시스트를 위해 신이 만들어주신 것이 아니다. 종자 분산을 최종 목표로, 운반에 대한 보상을 위해 진화해온 것이다. 과육을 보수로 종자를 운반하도록 하는 것이 식물의 전략이다. 잘 익어 눈에 들어오는 과일의 색깔은 종자 살포자에 대한 메시지인 것이다.

하지만 색소를 생산하려면 상당한 에너지가 필요하다. 눈에 보이지 않는 것에까지 비용을 지불하는 것은 일부 부르주아일 뿐, 아끼는 자동차의 보닛도 안쪽은 칠이 되어 있지 않은 것이 보통이다. 동물을 상대하려면 색소가 필요하지만 그 비용은 최소한으로 하고 싶다. 이것이 사과 주스 실망 사건의 진상인 것이다.

목욕을 마치고 목욕탕에서 거울을 보면 어떤 나르시시스트라도 눈치챌 것이다. 인간은 수수한 생물인 것이다. 인간뿐만 아니라 포유류는 기본적으로 갈색을 주로 한 수수한 그룹이다. 이것은 포유류가 야행성에서 진화해왔기 때문이다. 밤의 세계에서 화려한 색채는 별 쓸모가 없다. 오히려 낮에 포식자의 눈을 피해 몰래 휴식하려면 눈에 잘 띄지 않는 갈색이 유리해지는 것이다.

그런 그룹 중에서 일부가 주행성으로 진화했다. 색채에 걸맞은 낮의 세계에서 색깔 인식은 생존에 유리한 능력이다. 이렇게 영장류는 색체 감각을 발달시켜왔지만 안타깝게도 갈색의 몸은 어떻게 해볼 도리가 없었다. 눈부시게 아름다운 새나 나비를 부러워한 지 오래, 인간은 마침내 몸의 색깔을 진화시키는 것을 포기하고 옷을 입는 방향으로 키를 꺾었다.

인류는 다양한 색채의 세계로 들어갔다. 그런 우리가 빨간 사과를 보고 맛있을 거라고 생각하고, 빨갛지 않으면 별로라고 느끼는 것은 과일을 먹는 주행성 동물의 입장에서 보면 당연한 일이다.

자연을 지향하는 부르주아들은 새빨갛게 물든 사과 사탕을 보고 '아이, 싫어, 인공 착색은 자연이 아니야, 비위 상해' 하고 한없이 낮추어 본다. 하지만 그것이야말로 자연스러운 감각을 잃어버린, 가축화한 감성이리라. 생물로서 순수한 감각을 가진 천사 같은 아이들이 그 색깔에서 매력을 느끼는 쪽이 훨씬 더 자연스러운 것이다.

색채의 마력

아무튼 사과뿐만 아니라 이 세계는 색깔로 가득 차 있다. 주행성 동물에게 색깔은 세계와 거래하기 위한 지당한 수단이 되고, 이것을 기준으로 삼는 전략을 개발하고 있는 것이다.

새의 화려한 아름다움은 새삼 다시 말할 필요도 없을 것이다. 동물원에 가서 너구리와 두더지만 보면 색채감이 결핍되어 기분이 축 처질 테지만, 큰유리새와 호반새라면 신호기에도 뒤처지지 않는다.

그렇지만 색소를 만드는 데 비용이 드는 것은 사과도 참새도 마찬가지다. 새들도 비용에 걸맞은 이익이 있기 때문에 색채를 진화시켜온 것이다.

일반적으로 새는 암컷이 수컷을 선택해 사귀기 시작한다. 수컷이 암컷에 비해 아름다운 것은 이 때문이다. 다만 화려하여 눈에 잘 띄면 포식자에게도 들키기 쉬워 목숨까지 저울 위에 올려두어야 한다. 하지만 인기를 얻지 못하고 살아남아봤자 다음 세대를 남기지 못하면 유전자는 사라진다. 목숨을 걸고 사랑에 몸을 던지는 자만이 유전자를 남겨 아름다운 새의 세계가 만들어지는 것이다.

색채는 서로를 인식하기 위해서도 도움이 된다. 동종을 확실히 구분할 수 있으면 괜한 잡종이 생기는 일도 피할 수 있고, 동종과 행동을 같이하여 무리를 만들면 적합한 환경이나 먹이를 효율적으로 잘 발견할 수 있다.

어둠의 세계를 지배하는 야행성 동물도 빛의 지배에서 벗어날 수 없다. 올빼미나 쏙독새 같은 밤의 지배자도 날개 색깔에는 의미가 있다. 드라큘라 덕분에 밤은 까맣다는 이미지가 있지만 야행성 새는 갈색의 깃털을 가지고 있다. 이것은 낮의 태양빛 아래서 훌륭한 위장이 된다. 백작이 검은 것은 사람들 눈에 띄지 않는 관 속에서 낮잠을 자기 위해서이지, 만약 야생의 백작이었다면 갈색이었을 것이다.

새들의 세계에 거울은 없다. 이 때문에 그들 자신은 스스로의 모습을 볼 수 없다. 참새의 볼에는 검은 반점이 있는데 아무리 고개를 돌려 봐도 본인에게는 보이지 않는다. 새의 색채는 자기만족이 아니라 타인의 눈에 비치는 것만을 목적으로 진화해온 것이다. 타인의 눈을 신경 쓰지 말고 자신의 신념대로 살라는 설교는 야생의 세계에서는 쓸데없는 억지일 수밖에 없다.

그런 한편으로 이 세상에는 완전히 빛의 세계와 분리된 생물도 있다. 유럽에 분포하는 동굴도롱뇽붙이나 수명이 170년이라는 가재 오스트랄리스 같은 동굴성 동물이 그것인데, 그들은 색소가 희박한 새하얀 모습을 하고 있다. 빛이 없으면 모습을 보여줄 상대도 없고, 위장도 자기주장도 필요 없다. 그런 세계에서는 색소를 가질 의미가 사라지는 것이다.

어쨌거나 자연계에서는 다른 생물의 시선에 의해 색채가 발달하여 조물주의 마음에 쏙 드는 각양각색의 세계를 구축해가는 것이다.

빛 좋은 개살구가 아닙니다

아니, 말이 좀 지나쳤으므로 정정하고 싶다. 인간은 색깔을 볼 수 있기 때문에 무심코 생물의 색에는 시각적인 의미가 있다고 생각하는 경향이 있다. 하지만 이 세상에는 반드시 시각적인 효과에 사로잡혀 있지 않은 색깔도 많다.

대표적인 것이 식물의 초록색일 것이다. 이 색깔은 치유의 효과로 모두를 행복하게 해주기 위해 진화해온 것처럼 보이기도 한다. 하지만 그들은 광합성을 관장하는 엽록소가 초록색이라 어쩔 수 없이 초록색을 드러낸 것뿐이다. 지상에 시각이 발달한 동물이 없던 고대에도 식물은 그저 파릇파릇 우뚝 서 있었던 것이다.

빨간색의 혈액은 산소를 운반하는 헤모글로빈이 빨갛기 때문이다. 산소를 공급 받아 생명을 유지하기 위해 빨간 것일 뿐이다. 다만 이 색깔을 외형상의 프레젠테이션에 적극적으로 활용하는 동물도 있다.

닭의 특징이라고 하면 빨간 벼슬이지만 이것은 피부를 통해 혈액의 색깔이 보이는 것이다. 상서로운 새라고 불리는 학, 두루미의 머리가 빨간 것도 마찬가지로 혈액 색깔 때문이며, 거기에서는 깃털이 돋지 않는다.

새의 깃털 색깔로 보자면 검은색도 기능성을 가진 색깔이다. 까마귀 등의 검은 깃털은 멜라닌 색소에 의한 것이다. 멜라닌은 인간의 머리카락과 검은 피부의 색소이기도 하여 아주 친숙한 색소일 것이다.

멜라닌은 깃털을 물리적으로 강화하는 작용을 한다. 깃털은 케라틴이라는 단백질로 만들어진다. 이것은 인간의 손톱이나 머리카락과 같은 소재다. 케라틴으로 만들어진 구조에 멜라닌이라는 도료로 보강한 것인데, 이런 색소의 지지로 깃털이 더욱 견고해지는 것이다.

새는 옷을 입지 않으므로 나체로 주변을 어슬렁거린다고 말해도 상관없다. 인간 같으면 변태겠지만 그들은 깃털이라는 야생의 의복을 걸치고 있으므로 아슬아슬하게 변태의 낙인에서는 벗어났다. 하지만 세계는 위험으로 가득 차 있다. 몸을 숨기기 위해 식물의 수풀 속으로 들어가면 깃털은 나뭇가지의 채찍을 견디느라 마구 긁힌다. 하늘 위에서는 요란하게 자외선이 쏟아져 내리며 DNA를 상처 입히려고 호시탐탐 기회를 엿보고 있다.

멜라닌은 그런 위험한 세계에서 몸을 지키는 갑옷이 된다. 검은 깃털은 멜라닌이 없는 하얀 깃털에 비해 잘 긁히지 않는다. 자외선을 흡수함으로써 몸 안에 주는 악영향을 회피할 수 있고 또 체열의 상승도 피할 수 있다. 활짝 트인 곳에서 사는 제비나 갈매기는 등이 검고 배 쪽이 하얗지만 이것은 자외선 대책이라 할 수 있다. 그 증거로 배가 검고 등이 하얀 새는 도감을 뒤져보아도 좀처럼 없다.

이들 색깔은 때로는 물리적인, 때로는 화학적인 기능을 발휘하기 위해 존재하는 확고한 색깔이다. 타자의 시선과 관계없이 드러나 있는 절대적인 색깔이며, 하늘의 파란색이나 모래사장의 하얀색과 같은 유형인 것이다. 바다는 설령 생명체가 멸종한다 해도 지금과 다름없이 계속 파랗게 빛날 것이다.

자연계에는 타자의 눈에 노출되어 있기 때문에 개발할 수밖에 없었던 상승 지향의 세련된 색채와 누구에게 보여주기 위한 게 아닌 순수한 색깔 두 종류가 존재한다. 양쪽 모두 각각의 아름다움을 갖고 있는 듯 보이므로 만만치가 않다.

누군가를 위해 색깔은 피어난다

그런 풍요로운 색채의 세계 속에서 사과 주스 못지않게 거슬리는 상대가 있다.

떡이나 식빵을 몹시 소중하게 보관하고 있다 보면 하얀 캔버스 위에 어느샌가 극채색의 낙서가 출현한다. 곰팡이다. 이 세상에 그보다 아름다우면서 불쾌한 색채는 없다.

곰팡이는 눈이 없어 볼 수 없기 때문에 서로를 시각으로 인식할 수는 없을 것이다. 그런데도 빨간색, 파란색, 초록색, 노란색, 복숭아색, 마치 다섯 명으로 구성된 전투부대처럼 극채색을 뿌려댄다.

곰팡이는 포자로 날아간다. 일부는 곤충에 의해 운반되는 것도 있는 모양이지만 대개는 바람에 의한 살포다. 과일의 색깔처럼 동물을 매혹하기 위한 것도 아닌 듯하다. 무엇보다 상한 떡 뒤쪽에서 활약해봐야 누구의 눈에도 띄지 않는다.

참으로 불쾌하다. 아무런 쓸모도 없는데 왜 그렇게 잘난 척하는 색깔인 것인가. 색깔을 만드는 비용과 맞바꿔 무엇을 얻는지 모르겠다는 게 더 거슬린다.

그것이 모두 같은 색깔이었다면 곰팡이의 색깔은 푸른 하늘과 같이 순수한 색깔이구나 하고 포기했을 것이다. 곰팡이에게는 곰팡이 나름대로 눈물 없이는 말할 수 없는 이야기가 있겠구나 하고 납득할 수 있다. 하지만 경쟁하는 듯한 다양한 색깔에서는 푸른 하늘과 같은 순수함은 찾아볼 수 없다.

이해할 수 없기 때문에 곰팡이가 싫은 것이다.

식빵에서 곰팡이 부분을 잘라내 마당에 놔둬보자. 그러면 개미가 가져갈 것이다. 개미는 쓸모없는 유기물을 정리해주는 작용을 하니까 싫지 않다.

곰팡이가 핀 식빵은 내 식탁에서 사라지고 내 인생극장에서 재빨리 퇴장하려 한다. 그때서야 비로소 납득이 간다. 이것이 그들의 전략인 것이다.

곰팡이를 신경 쓰지 않고 식빵을 먹으면 그들의 일생은 끝난다. 하지만 그 극채색의 모습을 보면, 맛이 없을 것 같아서 먹기를 중단한다. 곰팡이는 음식물의 신선도를 알려주는 지표가 됨으로써 숙주인 음식물의 가치를 하락시키고, 또 먹힐 위험을 회피하고 있음에 틀림없다. 그렇게 그들은 감쪽같이 증식해온 것이다. 이것은 미움 받기 위한 색채인 것이다.

그것을 안 이상 곰팡이의 전략에 감쪽같이 넘어갈 내가 아니다. 곰팡이가 찍소리도 못하게 앞으로는 곰팡이 핀 빵도 그대로 토스트로 먹어치우겠다. 복통에 시달려도 상관없다. 이 세상에서 이해할 수 없는 것의 존재는 기분이 나쁘다. 색채의 비밀을 이해한 이상 두려울 것은 없다.

남은 고민은 사과 주스뿐이다. 누군가 새빨간 사과 주스를 전국적으로 판매해주지 않을까? 생태학적으로 생각하면 폭발적인 인기를 끌 게 틀림없다.

다이너소어인
블루

**공룡은 새의
조상님이었다**

퍼펙트 애니멀

물의 어머니라고 쓰고 해파리라고 읽는다.[4] 나는 해파리를 존경한다.

어떻게 그런 것이 남아 있는지는 모르겠지만 해파리 화석이라는 것이 존재한다. 그렇게 물기가 많은데 잘도 버틴 것이다. 오래

◆ ◆ ◆ ◆

4 '해파리'의 일본 한자 표기는 '水母'

된 것은 5억 년 전 것까지도 있다고 한다.

어쨌거나 우리 인류가 태어난 몇억 년 전부터 해파리는 해파리였다. 옛날 그 모습은 역시 해파리였고, 이 세상에 변치 않은 것이 있다면 그것은 해파리의 모습일 것이다.

몇억 년이나 같은 모습이라니, 진보가 없는 녀석이구나 하고 생각하는 사람도 있을 것이다. 우리 선조는 과거 수백만 년 동안 극적으로 진화했고, 환경 변화에 맞춰 생활도, 체형도 많이 바뀌었다.

하지만 변화가 없다는 것은 대단한 일이다. 해파리에게도 주변 환경은 크게 변화해왔을 것이다. 삼엽충三葉蟲, trilobites〔대표적인 고대 해양 절지동물〕이 멸종되고, 수장룡首長龍, Plesiosauria〔중생대 때 살았던 수생 파충류〕이 번성하여 용궁 건설 붐을 이루고 있던 바닷속은 격동의 역사를 경험했다. 변화를 견디지 못한 자는 멸종되거나 혹은 다른 모습으로 진화하여 버틴 것이다.

그런 가운데 흔들림 없이 모습을 유지해왔다는 것은 원시 단계에서 이미 그들의 형태가 완성되었음을 의미한다. 상어나 거북이도 중생대에 이미 현재와 가까운 형태를 보였다. 변화야말로 돌고 도는 세계에서 살아남기 위한 기술인 듯 말하지만 완성체에 이른 생물에게는 말장난에 불과하다.

망망대해에 떠 있는 해파리의 흐물흐물한 얼굴을 보고 있으면 나도 모르게 비웃어주고 싶어진다. 하지만 그 욕심 없는 표정은 진화하지 않는 것의 의미와 각오를 가르쳐준다.

패밀리 트리

식탁 한구석에 자리 잡은 해파리와 마음의 대화를 마치고 옆에서 태연히 있는 닭고기로 눈길을 옮긴다. 이들은 해파리를 곁눈질하며 까마득한 진화를 이루어냈다. 새가 세상에 첫 탄생의 울음소리를 낸 것은 약 1억 5,000만 년 전이다.

모든 사물에는 최초가 있다. 개구리의 새끼가 개구리라고 해서 개구리의 부모가 꼭 개구리라고는 할 수 없다. 새의 부모도 반드시 새라고 한정할 수 없는 것이다. 세상에서 최초의 새를 특정하는 일은 어렵지만 물론 그것을 낳은 것은 새가 아니었을 것이다. 알에서 태어난 최초의 새 새끼를 따뜻하게 지켜보았던 것은 공룡이었다.

공룡에 대해서는 따로 설명할 필요가 없을 것이다. 〈공룡전대 코세이돈〉[5]을 보시라.

공룡이라고 한 단어로 말하지만 이들은 다양한 종류가 있다. 뇌는 작지만 힘이 센 아파토사우루스, 섹시 담당 하드로사우루스, 멋쟁이 트리케라톱스. 그중에서 가장 인기가 있는 것은 틀림없이 티라노사우루스일 것이다.

조류는 이 티라노사우루스를 포함한 그룹인 수각류에서 진화했다. 예전에는, 새는 도마뱀 같은 사족보행 파충류에서 진화한 것으로

◆◆◆◆

5 1978년에 방영된 일본의 특수촬영 시리즈물

여겨졌다. 하지만 고생물학적인 연구 성과를 통해 새와 공룡에 많은 공통점이 있다는 것을 발견했고, 또 둘 사이의 중간적 특징을 갖는 화석도 많이 발견하게 되었다. 특히 깃털 공룡의 발견은 최근의 고생물학을 대대적으로 뒤흔들어놓아, 새의 선조가 공룡임은 의심할 여지가 없게 되었다.

새에게는 깃털과 날개, 그리고 이족보행과 기낭氣囊 같은 독특한 특징이 있다. 모두 비행을 위해 진화했을 것으로 보이는 특징이다.

깃털에 기초한 날개는 새의 비상 기관이다. 비상 전용인 날개는 이족보행에 의해 앞발을 몸의 지지로부터 해방시킴으로써 성립되었다. 기낭은 체내에 있는 공기 주머니로, 효율적인 호흡에 공헌한다. 모두 비행에 유리한 시스템이다.

하지만 선조인 수각류는 이미 이족보행이었고, 기낭도 깃털도 공룡 시대에 획득한 성질임이 판명되었다. 기낭은 큰 몸에 들어차 있는 열의 배출을 위해, 깃털은 체온 유지를 위해 진화했을 것이다. 또 전시 목적으로 날개를 가진 것처럼 보이는 공룡도 있다.

새가 비상을 위해 진화한 듯 보이는 각종 특징은 사실 날지 못하는 공룡이 이미 갖추고 있던 것이었다. 비행이라는 새로운 목적에 이들 기관을 활용함으로써 새는 하늘을 나는 위업을 달성한 것이다.

공룡과 새의 중간 화석이 발견됨으로써 어떻게 새가 진화해왔는지 판명되었다. 물론 계통이야 어쨌든 현대 새의 모습은 변함이 없다. 하지만 계통을 알게 됨으로써 조류의 진화를 보다 깊이 고찰할 수 있게 된 것은 틀림없다.

다만 이것이 새로운 문제를 만들어낸 것도 사실이다. 공룡의 일부가 새로 진화했다는 사실은 조류가 공룡의 한 계통임을 가리킨다. 이것을 인정한다면 공룡은 멸종되었다고 말할 수 없게 되는 것이다.

'멸종한 거대 동물.' 이것이야말로 공룡 최대의 매력을 내세운 캐치프레이즈다. 이 로맨틱한 문구에 매료되어 연구하고자 하는 사람도 많을 것이다. 하지만 그 연구에 의해 오히려 낭만이 사라지니까 얄궂은 일인 것이다.

덕분에 기존의 공룡은 '비조류형 공룡'이라는 답답한 이름으로 불리게 되었다. 여기에서는 비조류형 공룡을 그냥 공룡으로 부르고 싶고, 그런 설명이 붙은 경우도 자주 있었다.

그도 그럴 것이다. 우리가 공룡이라고 부르고 싶은 것은 결코 조류는 아니다. 물론 여기에서도 비조류형 공룡을 그냥 공룡이라고 부르고 싶다.

이렇게 한 바퀴 돌아 결국 출발 지점으로 다시 왔지만 한 바퀴를 확실히 돌았다는 데 의미가 있다. 설령 출발과 골인 지점이 같다 해도 트랙을 돌지 않으면 골인할 수 없는 것이다.

미스터리어스 라이프

아무튼 공룡은 지금으로부터 약 6,600만 년 전에 갑자기 멸종되었다. 이것은 공룡 최대의 수수께끼이기도 하여 수많은 가설이 나왔다.

전염병의 만연, 초신성의 폭발, 식물의 독성, 우주인의 음모, 화산 활동. 어쨌거나 할머니에 대한 기억도 희미해질 만큼 옛날 일이므로 좀처럼 결론을 내릴 수가 없었다.

그런 가운데 현재 가장 유력시되는 것이 거대 운석의 낙하에 의한 충격과 환경 변화이다. 직경이 10킬로미터나 되는 소혹성의 낙하. 울부짖는 모자, 여기는 나한테 맡기라며 버티고 선 청년, 하늘에서 빛나는 죽음의 별, 온통 사망한 것이다. 운석의 낙하는 거대 쓰나미와 넓은 지역에 걸친 화재를 일으켰고, 그에 동반된 분진에 의해 햇볕이 차단되어 식물을 고사시켰으며, 결국 묵시록의 세계가 찾아왔다. 이 운석의 흔적은 멕시코의 유카탄 반도에 직경 약 200킬로미터의 크레이터로 기록되어 있다.

어떤 할리우드적 이기주의가 있었는지는 모르겠지만 조류는 그런 터무니없는 참사를 곁눈질하며 살아남았다. 영화로 만들면 장대한 스펙터클로 전미를 눈물의 도가니로 만들 법한 기적의 이야기가 숨어 있을 게 틀림없다.

아무튼 운석 충돌 원인설은 이따금 반대 의견이 나오기는 했지만 대충 폭넓게 받아들여지고 있다. 나는 기본적으로 다수의 의견에 동조하는 편이므로 이 설에 경도되어 있다.

이렇게 공룡 최대의 수수께끼는 이미 결판이 나버렸다.

7대 불가사의가 한풀 꺾이고 나면 새로운 7대 불가사의를 제안하는 것이 도리다. 월간 〈무〉⁶를 경애하는 나로서는 최신 수수께끼를 제안해야 할 의무감에 사로잡혔다. 어쨌거나 새가 조류형 공룡인 이상 나도 공룡학자의 말단쯤은 된다.

그런 내가 최대의 수수께끼로 추천하는 것은 '공룡 맥주병' 불가해 미스터리다.

척추동물은 물속에서 진화했다. 어류에서 양서류가 태어나 육상에 적응했고, 파충류가, 포유류가, 공룡이나 조류가 진화해온 것이다. 바다에 작별을 고하고 육상으로 진출했지만 그들은 무슨 일이 생기면 곧바로 물속으로 들어갔다.

조류에서는 펭귄이 유명하다. 그 밖에도 슴새나 바다제비, 논병아리 등 물속에서 헤엄치는 새는 많다.

포유류에서는 고래나 돌고래를 비롯해 바다사자, 해달, 물개 등이 뒤를 잇는다. 해변에서 뛰노는 미녀들 중에도 산소탱크를 짊어지지 않고 약 90미터까지 잠수하는 강자가 있다.

파충류는 수중 진출자로서 풍부한 목록을 자랑한다. 거북은 물론이고 바다뱀이나 악어, 바다이구아나 등이 대표적이다. 공룡이 살아 있던 중생대까지 거슬러 올라가면 어룡이나 수장룡, 모사사우루스 같은 흉포한 육식동물이 바다를 석권했다. 이들 바다 서식 파충류는 공룡과는 또 다른 계통의 거대 파충류이다.

◆◆◆◆

6 일본의 오컬트 정보지

하지만 공룡에게서는 잠수성 종이 전혀 발견되지 않았다. 육상에는 대형 지배계급부터 소형 빈민계급까지, 다양한 공룡이 북적였을 것이다. 그런 그들이 왜 자원이 풍부한 바다로 진출하지 않았을까?

공룡이 세계에 출현했다가 멸종될 때까지 약 1억 7,000만 년의 유예 기간이 있었다. 이것은 새가 출현하고 나서부터 현대까지의 시간을 훨씬 능가하는 것이며, 바다에 적응하기에 충분한 시간이었다.

최근 연구에서는 최대 육식 공룡인 스피노사우루스가 물속을 헤엄쳤다는 보고가 있다. 발의 형태 등이 물을 가르는 데 적합한 형상이었던 것이다. 그렇지만 기본적인 형태는 육상성 공룡의 그것이고, 펭귄이나 고래처럼 수중 생활에 고도로 적응한 것은 아니었다.

바다는 어룡이나 수장룡, 모사사우루스 등 흉악한 파충류의 지배하에 있었다. 그래서 더욱 공룡은 바다로 진출할 수 없었던 것이다. 매번 이렇게 설명한다. 이해력이 빠르고 사람 좋은 나도 그냥 그렇게 납득할 뻔했다. 하지만 잠깐만, 나는 속지 않는다!

새가 바다에 적응한 것은 최근 일이 아니다. 아직 흉악한 파충류가 바다에서 날뛰던 중생대에 이미 잠수성 새가 있었다. 헤스페로르니스라는 잠수성 새가 공룡 시대의 화석에서 다수 발견된 것이다.

즉 최대의 수수께끼는, 공룡이 바다로 진출할 수 없었다는 측면과 새로 진화한 순간 바다로 진출할 수 있었다는 또 하나의 측면, 이 양면에 있다. 중생대를 거리낌 없이 돌아다니던 공룡과 거기에서 진화한 새. 대체 무엇이 잘못된 것일까?

공룡은 지상에 근거를 둔 평면적인 생활을 했다. 한편 조류는 땅에 발을 딛지 않는 3차원적 생활을 시작했다. 수중에서의 활동 또한 3차원적이다. 입체적인 공간 파악을 위해서는 그에 걸맞은 뇌의 발달이 필요했을 것이다. 새를 경유함으로써 공룡은 3차원의 뇌를 손에 넣었고, 그래서 물속에서도 적응할 수 있었던 것인지 모른다.

물속에는 많은 포식자가 있다. 공룡이 포식자에게 공격당한다면 지상에서의 명성은 아무 쓸모도 없게 된다. 한편 새는 여차할 때 날아서 도망칠 수 있다. 뇌와 비상 능력이 새를 바다로 유인했을 것이다.

하지만 이래서는 새가 바다로 진출한 측면을 설명할 수 있어도 공룡이 바다로 들어가지 못한 이면은 여전히 설명되지 않는다.

공룡이 지상에서 수수방관하고 있던 시대, 앞서 말한 모사사우루스라는 파충류는 물속에 적응하여 포식자가 되었다. 마음만 먹으면 그럴 수 있다는 것을 그들이 증명했다. 또한 역시 앞서 말한 고대의 잠수 조류 헤스페로르니스는 비상성을 잃고 날지 못하는 새가 되었다. 힘들게 얻은 이점을 포기하면 어쩌자는 것인가. 도망치지 못해도 괜찮은 것인가? 수수께끼는 더욱 깊어만 갈 따름이다.

생태학을 하고 있으면 모든 것을 합리적으로 설명하고 싶어지고, 또 그럴 수 있을 것 같다. 하지만 아무리 생각해봐도 그럴듯한 가설이 떠오르지 않는 경우도 있고, 그 답답함이 또 연구자의 영혼을 갉아먹는다. 해파리와 새, 극과 극의 진화의 역사를 가진 그 둘과 식탁에서 대화하며 언젠가는 그 수수께끼를 풀겠다고 맹세했다.

잘 먹었습니다.

마치는 말,
혹은 행운은 누워서
기다려라

파란 바다와 파란 하늘이 수평선에서 연결되고 세계는 새파라면서 둥근 원이 된다. 그 파랗고 거대한 유리구슬의 한복판, 흰 파도를 헤치며 배가 달린다. 배도 하얀색, 구름도 하얀색. 이 순간 파란색과 하얀색만이 세계의 유일한 존재가 되어 시야를 가득 메우고 있다.

나는 오가사와라 제도의 바다 위에서 기우뚱거리며 니시노시마로 향한다.

니시노시마는 2013년에 예상치 못한 분화와 맞닥뜨렸다. 분출한 용암은 섬을 집어삼켰고 썩은 바다처럼 세계를 침식했으며, 새

파란 세계에 새까만 대지를 쌓아 올렸다. 잠시 동안은 상륙이 제한되었지만, 분화 활동이 진정된 2016년 8월에 경계 구역이 줄어들어 마침내 상륙할 수 있게 되었다.

곧바로 도쿄대학 지진연구소를 중심으로 한 상륙 조사대가 결성되었다. 나는 이 조사대에 생물 조사 담당으로 참가하게 되었다. 분화 후 아직 누구도 상륙하지 않은 섬에 가다니, 연구자로서 보람을 느꼈다.

현재의 니시노시마는 분화 이전부터의 생물이 남아 있는 옛섬과 용암에 의해 만들어진 새로운 육지로 구성되어 있다. 이 무대 위에서 두 이벤트가 진행되었다.

첫 번째는 섬 안에서의 생물 확산이다. 옛섬에 남은 생물은 새로운 육지로 진출한다. 거기에는 새가 관여되어 있을 것이다.

용암에 둘러싸인 대지에는 식물이 자랄 만한 토양이 없다. 그러한 불모지에도 바닷새는 둥지를 틀기 시작할 것이다. 그들은 둥지의 재료로 사용하기 위해 해안까지 떠밀려 온 나뭇조각이나 옛섬의 식물들을 새로운 섬으로 운반한다. 둥지에 쌓인 유기물은 분해되고 똥은 토양에 영양분을 공급한다. 바닷새의 몸에 부착된 종자는 둥지를 터 삼아 생장하고, 습도와 온도가 안정된 둥지 안은 곤충의 주거지가 된다. 새가 생태계를 확산시키는 것이다.

두 번째는 섬 밖에서의 생물 도래이다. 해류와 바람에 실려 섬 밖에서 종자가 운반되어 온다. 곤충도 새도 날아온다.

섬의 생활상이 어떻게 성립되었는지는 도서생물학의 매력적인 주제이다.

보통은 섬에 결과로서 존재하는 생물상을 통해 거기까지 이른 과정을 추측할 수밖에 없다. 이 경우에는 도래한 순서와 정착 후에 멸종된 생물의 존재 등에 대해서는 알 길이 없다. 오니가시마鬼ヶ島[1] 역시 도깨비가 흔적을 깨끗이 지우고 멸종되었다면 비극의 과거는 어둠 속에 그대로 묻힐 것이다. 하지만 니시노시마는 생물상이 제로인 상태에서의 성립 과정을 현실에서 관찰할 수 있는 기적의 장소였던 것이다.

이들 두 가지 과정을 해명하기 위해서는 최초의 기록이 가장 중요하다. 앞으로의 변화를 모니터링할 기초가 되는 최초의 생물상을 상세하게 기록하는 것이 이번 조사의 최대 목적이었다.

그런데 여기는 정말 '오가사와라 제도의 바다 위'가 맞을까? 섬이란 바다에 둘러싸인 육지를 말한다. 섬의 집합체가 제도라면 바다 위는 제도가 아니다.

오가사와라 마을의 면적은 합계 약 104킬로미터이다. 물론 이것은 육지의 면적이고 바다 면적은 포함하지 않았다. 아마 해상은 오가사와라 마을에는 없는 듯하다. 무엇보다 여기는 도쿄인 걸까? 도쿄의 면적은 약 2,188제곱킬로미터이며, 역시 이쪽도 바다를 포

◆ ◆ ◆ ◆

1 옛날에 도깨비가 살았다는 일본의 상상 속 섬

함하고 있지 않다. 바다는 도쿄 도가 아닐지 모른다.

나는 어느 곳에 있는 것일까? 도쿄 도 오가사와라 마을에 있다고 생각했지만 왠지 그렇지 않은 것 같다. 일본에 있으면서 어떤 군락에도 속해 있지 않은 자유, 정말 사치스러운 기분이었다.

이런 사치를 만끽할 수 있는 것도 배 위에서의 생활이 쾌적하기 때문이다. 이번 조사는 해양연구개발기구의 신세이호를 이용했다.

일반적인 조사일 때는 어선을 타는 경우가 많다. 선장과 선원 두 명이 고기 잡으러 나가는 소형 어선이다. 인간님이 아닌 물고기님을 위한 배이므로, 생활 공간은 최소한이다. 앉으면 천장에 머리가 닿는 한 평도 채 되지 않는 선창에 우락부락한 남자들이 만두처럼 꾸깃꾸깃 틀어박힌 모습은 보기에도 민망하다. 어선은 움직임이 자유로워 모험적인 조사에는 적합하지만 쾌적함은 포기해야 한다.

이번 신세이호는 약 1,600톤, 선원 30명과 연구자 15명이 탄 훌륭한 해양조사선이다. 지진 관측을 위한 대형 기기를 바닷속에 설치해야 하는 대규모 조사를 위해서는 이 정도 크기의 배가 필요한 것이다.

배 안에는 연구실이 마련되어 있어 대량의 조사 기자재를 가지고 탈 수 있었다. 인터넷부터 세탁기, 건조기까지 이용할 수 있으며, 식당에서는 멜론에 생선회, 돼지갈비 같은 호화로운 식사가 차려진다. 업무 관련 전화도 오지 않는다. 요코스카를 출발하고 나서 섬에 도착할 때까지, 먹고 자고 살찌는 일 외에는 할 게 없다.

학생 시절에는 이런 사치스러운 조사는 없었다. 그러고 보니 오가사와라에서 연구를 시작한 지 벌써 20년이나 지났다. 파도에 명하니 흔들리고 있자니 지금까지의 연구 생활이 주마등처럼 머리를 스치고 지나간다.

이탈리아의 젊은이는 갱스터가 되는 꿈을 향해 각오를 단단히 하고 길을 개척해나간다. 해적왕을 목표로 하거나 천하제일 무도회에 나가는 등의 꿈이 있는 젊은이는 바쁘다.

장대한 목표를 가지고 정열적으로 사는 모습은 멋지다. 하지만 현실에서는 그러한 꿈을 가진 주인공급 인재는 한 줌도 안 된다. 주인공에 대한 시선은 동경이지 공감은 아니다. 세상 사람들 대부분은 별다른 꿈 없이 타협해가며 현실적인 범위 안에서 편하게 지낸다. 그래서 더욱 꿈꾸는 젊은이는 주인공이 될 수 있는 것이다.

생각해보면 나도 큰 야망도 없이 파렴치한 것만 생각하면서 수동적이고 소극적인 반생을 살아왔다.

새 연구는 특수한 직업이다. 그런 직업을 갖고 있으니 어린 시절부터 새를 좋아했을 게 틀림없다고 생각하는 경우가 많다. 실제로 그런 사람도 적지는 않지만 모두가 다 그렇다고는 할 수 없다.

나는 새와는 아무런 관계도 없는 어린 시절을 보냈다. 공원의 비둘기가 산비둘기인지 집비둘기인지도 몰랐고, 애당초 비둘기에 종류가 있다는 것도 몰랐다.

그런 나도 방종하면서 기회주의적인 대학생이 되어 야생 생물을 탐구하는 동아리에 들어갔다. 자연을 정말 좋아한다는 경박한 이유는 아니었다. 초등학생 시절 애니메이션 〈바람계곡의 나우시카〉에 감동하여 살짝 오타쿠를 동경했던 것이다. 모두들 말은 하지 않지만 내 세대에는 그런 연구자가 많을 것 같다.

선배에게 쌍안경을 건네받은 나는 태어나서 처음으로 찬찬히 새를 보았다. 이렇게 수동적으로 조류학의 길을 걷기 시작한 것이다.

대학 3학년, 슬슬 뭔가 연구를 시작해야만 했다. 안절부절못하며 어렴풋이 기억하던 새를 골랐다.

그리고 후에 은사가 되신 히구치 히로요시 선생의 연구실 문을 두드린 것이다.

"조류에 대해 부디 지도 부탁드립니다."

"그럼 자네, 오가사와라에서 연구해보게나."

이름도 위치도 전혀 들어본 적 없는 지명이었지만, 별다른 뜻도 품지 않은 내게 스승의 지도는 우주의 진리였다.

"말씀하신 대로 하겠습니다."

나는 마치 자신의 의지인 듯한 얼굴로 오가사와라 땅을 밟고 연구를 시작했다. 그리고 같은 오가사와라에서 연구를 진행하던 삼림종합연구소의 직원과 만나기까지 그리 긴 시간은 필요하지 않았다.

"자네, 삼림종합연구소에서 오가사와라 연구를 해보지 않겠나?"

대학원생이던 내게 취직은 현실감 없는 2001년의 우주여행 같은 것이었기에 특별히 생각해본 적도 없었다.

"당연히 그러겠습니다."

갑작스러운 질문에는 일단 '예스'라고 대답한다. '노'라고 말하지 못하는 유서 깊은 일본 남아의 모습을 확실히 보여주자.

갑자기 공무원 시험을 치르느라 박사 과정을 중퇴하고, 현직의 문을 열었던 것이다. 그 후부터 세상을 위해 인간을 위해 직장을 위해 자신을 위해, 조류학에 몸을 바친 하루하루를 보내고 있다.

"자네, 와규 조사를 해보시게."

"자네, 예산을 따보시게."

"자네, 공룡 책을 써보시게."

"자네, 몬스터헌터[2] 원고를 써보시게."

익숙하지 않은 일에는 노력이 필요했지만, 거절하려면 더 큰 에너지를 쏟아야 했다. 소심한 내가 그럴 수 있을 리 없다. 뭐, 원래 특정 주제를 연구하기 위해 연구를 시작한 것은 아니다. 세 치 혀와 팔방미인 전략을 구사하며 나는 보신의 달인이 되기로 결심했다.

새로운 일을 받아들이면 그만큼 경험치가 올라간다. 경험치가 올라가면 또 다른 의뢰가 들어온다. 이 세상은 적극성 지상주의가 버젓이 활개를 쳐서 '장래의 꿈'을 꾸지 못하는 초등학생은 주눅

◈ ◈ ◈ ◈

2 플레이스테이션용 게임

들어 지내지만, 수동성에 부끄러움을 느낄 필요는 없다. 이것을 처세술 삼아 잘 살아가는 것도 하나의 지혜이다.

연구자도 여러 유형이 있다. 하나의 주제를 꾸준히 파는 토성인 타입, 최첨단의 주제를 시원스레 처리하는 금성인 타입, 이것저것 마구 먹어치우는 화성인 타입이다.

전형적인 화성인 타입의 나는 수동성을 발휘하면서 즐겁게 연구를 계속하고 있다. 이번 니시노시마 조사도 가고 싶다, 가고 싶다, 주문을 외웠더니 저쪽에서 먼저 연락해 온 것이다. 뚫린 입으로 2층에서 떡이 절로 떨어졌다.

조류학의 세계에 몸담았을 즈음 갈등이 하나 있었다. 퇴직하기까지 30년 이상, 과연 아이디어가 고갈되는 일 없이 계속 연구를 할 수 있을까? 하지만 이 문제도 곧바로 해결되었다. 남 탓을 하면 되었던 것이다.

취직을 결정한 것은 나였던가? 아니, 인사 담당자다. 채용 시험 결과 나를 선택했다면 내가 고물이라 해도 그것은 채용한 측 책임이다. 부탁한 일을 실패하면 그것은 의뢰자의 인선 미스다. 수동성에는 정신건강상의 효능도 있다 할 수 있다.

그래도 계기는 수동적이었지만 지금은 이것을 천직으로 삼아 매일 헌신하고 있다. 새는 상당히 재미있는 연구 대상인 것이다.

새와 인간은 공통점이 많다. 이족보행이고 주행성이고, 시각과 음성에 의한 커뮤니케이션을 하며, 주로 일부일처제다. 그런 동물은 새와 인간밖에 없다. 주변의 포유동물보다 훨씬 공통점이 풍부하여 왠지 마음이 통하는 것 같다.

하지만 거기에서 신분의 차이가 막아선다. 새는 하늘을 날 수 있는 것이다. 때로는 표고 8,000미터를 넘고, 때로는 태평양 한복판까지 범위를 넓힌다. 인간은 물론이고 다른 모든 동물을 능가하는 3차원적 이동 능력을 가지고 있는 것이다. 2차원의 평면 이동밖에 하지 못하는 인간으로서 말 그대로 차원이 다른 상대를 이해하는 일은 쉽지 않다.

친해질 수 있을 것 같았는데 미지의 얼굴이 숨어 있었다. 마치 첫눈에 반한 상대 같다. 흥미가 생기지 않을 리 없다.

아무튼 확실한 목적을 갖지 못한 채 수동적으로 진입한 조류학의 세계였지만 지금은 구체적인 목표가 있다. 그것은 주제에 구애받지 않고 장기적으로 밝고 즐겁게 조류학에 매진하는 것이다. 새에게는 아직 많은 수수께끼가 있다. 그 비밀을 풀어 사랑방에는 이야깃거리를, 과학에는 신지식을 제공하는 것이 나의 목표다.

요코스카를 출발한 지 4일째, 검은 바닷물을 타고 넘어 드디어 니시노시마 앞바다에 도착하자 작은 새 한 마리가 배 위에 나타났다. 철새인 되새였다. 작은 새는 잠시 배 위에서 쉬다가 니시노시마를 향해 바다 위에서 모습을 감추었다. 나뭇가지를 입에 물고 있지는 않았지만 마치 40일 밤낮으로 계속된 재앙의 종말을 고하는 사자使者 같았다.

잠수복을 입고 방수 가방을 메고, 거친 파도 속을 헤치며 마침내 상륙했다. 엄청난 재해를 극복한 섬의 새들은 대체 어떤 생활을 하고 있을까?

배에서 내리자 또 새로운 연구가 시작되었다.

인류에게는 작은 한 걸음일지 모르지만 내게는 큰 한 걸음이었다.

조류학자라고 새를
다 좋아하는 건 아닙니다만

2018년 9월 19일 초판 1쇄 | 2019년 5월 23일 3쇄 발행
지은이·가와카미 가즈토
옮긴이·김해용

펴낸이·김상현, 최세현
책임편집·김새미나

마케팅·김명래, 권금숙, 양봉호, 임지윤, 최의범, 조히라, 유미정
경영지원·김현우, 강신우 | 해외기획·우정민
펴낸곳·(주)쌤앤파커스 | 출판신고·2006년 9월 25일 제406-2006-000210호
주소·경기도 파주시 회동길 174 파주출판도시
전화·031-960-4800 | 팩스·031-960-4806 | 이메일·info@smpk.kr

ⓒ 가와카미 가즈토(저작권자와 맺은 특약에 따라 검인을 생략합니다)
ISBN 978-89-6570-688-5 (03490)

쌤앤파커스(Sam&Parkers)는 독자 여러분의 책에 관한 아이디어와 원고 투고를 설레는 마음으로 기다리고
있습니다. 책으로 엮기를 원하는 아이디어가 있으신 분은 이메일 book@smpk.kr로 간단한 개요와 취지,
연락처 등을 보내주세요. 머릿거리지 말고 문을 두드리세요. 길이 열립니다.